지능이란 무엇인가

디아스포라(DIASPORA)는 독자 여러분의 책에 관한 아이디어와 원고 투고를 기다리고 있습니다. 디아스포라는 전파과학사의 임프린트로 종교(기독교), 경제·경영서, 일반 문학 등 다양한 장르의 국내 저자와 해외 번역서를 준비하고 있습니다. 출간을 고민하고 계신 분들은 이메일 chonpa2@hanmail.net로 간단한 개요와 취지, 연락처 등을 적어 보내주세요.

지능이란 무엇인가
두뇌의 우열은 어디서 결정되는가?

초판1쇄 발행 1988년 07월 10일
개정1쇄 발행 2025년 08월 12일

지 은 이 안도 하루히코
옮 긴 이 손영수
발 행 인 손동민
디 자 인 김미영

펴낸 곳 전파과학사
출판등록 1956. 7. 23. 제 10-89호
주　　소 서울시 서대문구 증가로18, 204호
전　　화 02-333-8877(8855)
팩　　스 02-334-8092
이 메 일 chonpa2@hanmail.net
공식 블로그 http://blog.naver.com/siencia

ISBN 979-11-94832-15-7 (03470)

• 이 책은 저작권법에 따라 보호받는 저작물이므로 무단전재와 무단복제를 금지하며, 이 책 내용의 전부 또는 일부를 이용하려면 반드시 저작권자와 전파과학사의 서면동의를 받아야 합니다.
• 이 한국어판은 일본국·주식회사 고단샤와의 계약에 의하여 전파과학사가 한국어판의 번역·출판권을 독점하고 있습니다.
• 파본은 구입처에서 교환해 드립니다.

지능이란 무엇인가

머리말

사람은 저마다 서로 다른 얼굴을 가지고 있듯이, 각기 다른 수준의 지능을 가지고 있다. 이처럼 지능의 정도는 사람마다 다르다는 사실은 누구나 알고 있지만, 막상 '지능이란 무엇인가' 하고 생각해 보면, 그 실체는 의외로 분명하지 않다. 나아가 지능이 과연 어떤 것인지조차 잘 모르고 있다는 사실을 새삼 깨닫게 된다.

'지능'이라는 말을 들을 때, 사람은 어떤 느낌을 갖게 될까? 아마 극히 소수, 그것도 자기도취적인 성향이 있는 사람들만이 자신의 지능에 만족하거나 자랑스럽게 여길 것이다. 대부분의 사람들은 자신의 지능에 대해 어딘가 콤플렉스를 가지고 있으며, 오히려 이런 태도가 더 온당한 자기평가일지도 모른다. 왜냐하면 인간은 학교든 직장이든 지능 수준이 비슷한 사람들과 집단을 이루기 쉬우며, 자신에 대한 지능의 평가는 그러한 동질적인 집단 안에서 상대적으로 이루어진다고 생각되기 때문이다.

일본인은 세계 어느 나라 국민과 비교하더라도 유난히 부지런하며, 대부분이 상승지향형(上昇志向型)을 지닌 것으로 여겨진다. 그중에서도 국민 일반의 교육에 대한 열의는 선진국들 가운데서도 월등히 높다고 평가할 수 있다. 이는 비록 독창력 등의 두드러진 재능이 없더라도, 일정 수준 이상의 지능이 있고 성실히 노력해 고등교육을 받으면, 장래에 어느 정도의 평가를 받고 안정된 생활을 누릴 수 있다는 것이 사회적으로 보장되어 있는 구조이기 때문이다.

그런 이유로 상승지향은 특히 자녀에게 높은 학력을 갖게 하려는 형태로 단적으로 나타나기 쉽다. 일반적으로 학문을 갖추기만 하면 장래의 사회활동이 보장된다고 여겨지는 사회는 자유로운 사회라고도 할 수 있겠지만, 한편으로는 실질이 따르지 않는 학력, 특히 졸업한 대학의 간판에만 의존해 취직처나 지위가 결정된다면, 그것은 미숙한 사회구조라고 하지 않을 수 없다.

그러나 또 고학력을 갖추기 위해서는 지능 수준이 적잖게 작용하는 것도 부인할 수 없는 현실이다. 개인에게는 본래 갖춰진 여러 가지 속성이 있으며, 예를 들어 혈액형처럼 특수한 경우를 제외하면 일상생활이나 사회적 활동에서 어느 형이든 특별한 의미를 가지지 않는 것으로 여겨진다. 그러나 지능의 높고 낮음은, 특히 공부의 성패로 이어지는 진학이나 취업, 직장 내 활동 등의 결과를 좌우하는 데 강력한 기반이 된다고 생각되기에, 당사자인 아이들보다도 오히려 부모에게 더 심각한 관심거리가 되고 있다.

그런데 지능이 높다고 해서 그것만으로 모든 일이 잘 풀린다고 할 수 없다. 즉 지능지수의 높고 낮음 자체에 가치가 있는 것이 아니라, 그 지능이 학교생활이나 사회생활 속에서 어떻게 발휘되고 있느냐가 더 중요한 문제인 것이다.

지능에 대한 올바른 인식이 부족하기 때문에, 아이의 지능을 높이겠다고 그 방면의 특수한 훈련을 시키거나, 아이의 지능 수준을 훨씬 뛰어넘는 공부를 조급하게 강요하는 일이 종종 벌어진다. 그 결과 아이는 점점 공부를 싫어하게 되고, 학습 내용도 이해하지 못한 채 혼란을 겪으며, 결국 학교에 적응하지 못하는 증상을 보이기도 한다. 한편 부모는 아이가 자신이 기대한 수준의 지능에 미치지 못한다는 사실을 알게 되어 깊은 고민에 빠지기도 한다.

오늘날과 같은 고학력 사회에서 휘둘리지 않고, 아이들이 각자 본래의 지능을 발휘하며 건전한 시민으로 성장하기 위해서는 다음과 같은 점들을 알아둘 필요가 있다. 즉, 지능이란 무엇인가? 지능의 높고 낮음은 어떤 요인에 의해 결정되는가? 지능의 대뇌생리학적 메커니즘은 어떻게 이루어져 있는가? 지능은 실제 생활 속에서 어떻게 발휘되는가? 학교 공부나 직장 업무와 지능은 어떤 관련이 있는가? 또 지능의 높고 낮음과 관계없이, 각 아이의 지능 수준에 맞춰 공부를 잘할 수 있도록 하려면 어떻게 해야 하는가 등이다.

필자는 이처럼 지능을 둘러싼 여러 문제를 이 책을 통해 독자 여러분과 함께 생각해 보고자 한다. 이 책이 여러분의 지능에 대한 이해에 조금이라도 도움이 된다면 지능 영역의 전문의로서 이보다 더 큰 기쁨은 없을 것이다.

이 책을 정리할 기회를 주신 고단샤(講談社)의 고에다 가즈오(小枝一夫)

씨와 집필 과정에서 적절한 조언과 따뜻한 격려를 보내주신 후지이 도시오(藤井俊雄) 씨에게 진심으로 감사를 드린다.

1987년 8월
안도 하루히코

| 차례 |

머리말 • 4

1장 지능이란 무엇인가?

1. 지능이란 어떤 것인가?
판단하고 사물의 본질을 꿰뚫어 보는 힘 15 | 반사의 본능의 차이 16 |
동물의 진화와 지능 17 | 지능이 없으면 살아가지 못한다 19 |
지능과 그 밖의 정신 기능 20

2. 지능의 측정
지능검사는 지능을 어떻게 파악하는가? 21 |
지능검사법의 예 22 | 지능지수란? 25 | 지능지수의 분포 26 |
연습을 하면 좋은 점수를 얻을 수 있는가? 28 |
지능지수를 어떻게 생각할 것인가? 28

3. 지능이 높다, 낮다는 것은 무엇인가?
지능지수의 값이 기준 30 | 지능검사는 어떤 경우에 실시하는가? 30 |
지능보다는 일을 할 수 있는 사람이냐, 아니냐가 문제 31 |
다시 지능의 정의에서부터 32

4. 지능은 유전하는가?
부모의 지능과 자식의 지능 33 | 얼굴이 닮는 만큼 지능은 닮지 않는다 33 |
유전이란 무엇인가? 34 | 일란성 쌍둥이의 연구 35 |
지능지수에서 보는 부자, 형제간의 비교 36 | 지능의 유전 메커니즘 38 |
조상 복귀의 가설 39

5. 지능은 환경에 의해 바뀔 수 있는가?

　　유전이 더 중요하다는 견해 **43** ｜ 환경이 더 중요하다는 견해 **47** ｜
　　각 견해의 비중 **49**

2장　지능은 어떻게 결정되는가?

1. 지능의 대뇌생리학

　　대뇌와 신경세포 **53** ｜ 대뇌피질과 기능의 중추 **54** ｜
　　시냅스와 신경전달물질 **55** ｜ 지능의 생리학적 기초 **59** ｜
　　점의 정보와 전체상 **61** ｜ 유사점과 차이점 **63**

2. 뇌의 크기, 형태와 지능

　　뇌가 커진다는 것 **64** ｜ 뇌의 크기와 지능 **65** ｜ 뇌의 내부 형태와 지능 **67**

3. 뇌파로 지능을 측정할 수 있는가?

　　뇌파란? **72** ｜ 뇌파로 무엇을 알 수 있는가? **74** ｜ 뇌파와 의식, 수면 **76** ｜
　　뇌파와 지능 **80**

4. 지능과 우뇌, 좌뇌

　　장기의 좌우 대칭성과 뇌 **83** ｜ 좌뇌와 우뇌의 기능차 **85** ｜
　　뇌 기능은 어떻게 조사하는 것일까? **86** ｜ 밝혀진 사실들 **89**

5. 지능에는 남녀 차이가 있는가?

　　지능지수를 비교하면? 91 ｜ 왜 지능에 남녀 차이가 생기는가? 92

3장　지능은 어떻게 발달하는가?

1. 지능의 정상적인 발달 과정

　　지능의 정상 발달과 개인차 99

2. 지능 발휘의 연령 요인

　　같은 지능 수준이 평생 유지되는 것은 아니다 106 ｜
　　어릴 때는 지능이 다소 낮더라도 107 ｜ 지능에는 저마다 연령기가 있다 108

3. 자신의 지능을 최대한으로 발휘하려면

　　지능이 높은 것만으로는 충분하지 않다 110 ｜ 참된 지능은 독창력 111 ｜
　　지능과 성격 114 ｜ 지능과 노력 116 ｜ 지능과 재능 118

4장　성적이 좋은 아이는 지능도 높은가?

1. 학교 성적과 지능은 어떤 관계가 있을까?

　　고교 시절의 경험에서 123 ｜ 학교 성적과 지능 125 ｜

학교 성적을 결정하는 요인 125 │ 공부를 좋아하는 아이로 만들려면 127 │
아이의 능력을 파악하라 128

2. 고교까지의 학업 성적과 지능

성적의 상승형과 하강형 129 │ 초등학교에서의 성적 131 │
중학교, 고등학교에서의 성적 132

3. 대학 입학과 졸업 이후를 둘러싼 문제

입학하는 대학으로 일생이 결정되는 것은 아니다 135 │
수험 경쟁 승리자의 낙제 137 │ 지적 엘리트의 집단역학 139 │
대학 졸업 후의 좌절감 140

5장 지능장애와 의학

1. 지능장애아의 고찰

지능장애란? 145 │ 지능장애를 알게 되는 방법 147 │
지능장애아와 부모의 대응 149

2. 지능장애는 왜 일어나는가?

왜 생기는가? 152 │ 유전일까? 153 │ 양육 방법에 잘못이 있었을까? 155 │
진짜 원인 155 │ 지능장애아를 둘러싼 최근의 동향 157

3. 지능장애의 예방과 치료

지능장애의 발생 예방 159 | 주산기, 신생아 의료의 진보 160 |
지능장애의 출생 전 진단과 자궁 내 치료 162 |
지능장애아의 치료와 교육 163 |
머리가 좋아지는 약이나 수술이 있는가? 167

4. 자폐증 아이와 지능

자폐증 아이의 지능 169 | 자폐증 아이의 실례 169 | 자폐증이란? 172 |
갖가지 특이한 능력 172 | 과연 지능이 높아서일까? 173

에필로그 지능을 둘러싼 여러 가지 문제

1. 양적 파악의 곤란성

스페리 박사의 업적 179 | 필요조건과 충분한 조건 180 |
지능의 생리학적 근거 181 | 지능과 교육, 학습 188

2. 지능 직업인의 양성과 활동

지능과 지능 직업인 192 | 대학은 스스로 공부하는 곳인가? 193 |
지능 직업에 필요한 기초학력 196 | 지능 직업과 외국 문헌 198 |
일본의 과학자는 토론을 꺼린다 200

1장

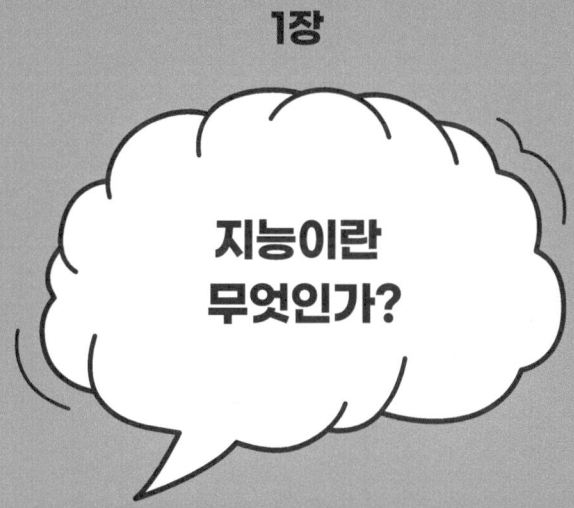

지능이란 무엇인가?

지능이란
어떤 것인가? 1

판단하고 사물의 본질을 꿰뚫어 보는 힘

지능(知能)이란, 엄밀히 말하면 개인이 어떤 사태나 상황에 놓였을 때 발휘되는 정신 기능의 통합된 작용을 의미한다. 즉 지능은 그 사람이 잘 살아가기 위해 필요한 판단력이며, 사물의 본질을 꿰뚫어 보는 힘이다.

인간이 환경에 적응해 잘 살아가기 위해서는, 아이든, 학생이든, 사회인이든, 가정주부이든, 나아가 한 나라의 국무총리이든 간에, 자신이 처한 상황을 인식하고 그 속에서의 자기 입장을 정확히 파악한 뒤, 어떻게 행동하는 것이 적절한지를 올바르게 판단할 수 있어야 한다. 이때 동원되는 정신 기능이 바로 지능이다. 따라서 지능에는 직감이나 순간적으로 마음에 떠오르는 판단력은 물론, 즉시 파악할 수는 없지만 오랜 숙고 끝에 마침내 어떤 판단에 도달하는 마음의 작용까지가 모두 포함된다.

이에 반해, 마음의 작용과정이나 정신활동의 절차를 거치지 않는 본능적인 행동이나, 동물 고유의 반사적 행동 등은 지능이라고 말할 수 없다. 예를 들어 야생 원숭이가 먹이를 찾아다니는 행동을 살펴보자.

반사와 본능의 차이

우선 원숭이가 공복감을 느끼는 것은 동물 본래의 생리적 감각이기 때문에 지능이라고는 할 수 없다. 그러나 그 공복감에 의해 먹이를 찾으려 할 때, '어디에 먹이가 있을까' 하고 생각하고, 그쪽 방향으로 이동해 가려는 것은 원숭이 나름의 판단이 작용하기 때문에 지능이라고 말할 수 있을 것이다. 그런데 이동할 때 어느 길을 가면 안전하고 효과적인가를 선택하는 것은 지능에 의한 것이지만, 달려가거나 걸어가거나 하는 근육운동 자체는 기계적으로 이루어지기 때문에 지능 활동이라고는 말할 수 없다.

어쨌든 이렇게 하여 어떤 물체를 목격하고, 그것이 먹이인지 아닌지를 판단하는 것은 원숭이의 지능에 의한 것이다. 즉, 원숭이는 그 물체를 직감으로든, 자세한 관찰을 통해서든 간에 일단 관찰한 뒤, 그것이 먹이라는 사실을 간파한다. 그런 다음에 그것을 먹기 시작하는데, 원래 '먹는다'는 행위는 무방비 상태가 되는 것이므로, 원숭이는 먼저 안전하게 먹을 수 있는 장소를 찾아야 한다. 또한 안전하다고 판단되는 곳에서 먹기 시작하더라도 외부로부터 불의의 습격을 당하지 않게 끊임없이 주변 상황에 신경을 써야 한다. 이러한 조심스러운 행동 역시 지능에 의한 것으로 보아야 할 것이다.

한편, 원숭이가 먹이를 먹을 때, 먹이를 씹는 행위는 기계적으로 이루어지는 것이며, 동시에 침이 입속으로 분비되는 것도 반사에 의한 것이므로 지능이라고는 말할 수 없다. 충분히 씹은 뒤 위로 삼켜 넘기는 동작도 소화관의 반사 운동에 해당하므로, 이것 또한 지능의 작용은 아니다.

동물의 진화와 지능

이와 같이 원숭이에게서 관찰되는 지능적인 행동과 반사적·본능적인 행동의 상관관계는 그 수준에 따라 큰 차이가 있기는 하지만, 인간의 경우에도 원칙적으로 적용된다고 생각된다. 즉 인간은 원숭이에 비해 지능을 필요로 하는 활동이 압도적으로 많지만, 일상생활이 지능과 반사, 본능에 의해 이루어진다는 점에서는 원숭이와 인간 모두 공통된 측면을 지닌다고 할 수 있을 것이다.

동물 중에서도 원숭이보다 훨씬 진화의 정도가 낮아지면 그 행동은 지능에 의한 것이 점점 줄어들고, 대부분이 본능이나 반사에 의해 지배된다. 동물의 진화에 수반하는 지능과 본능, 반사의 관계를 〈그림 1〉에

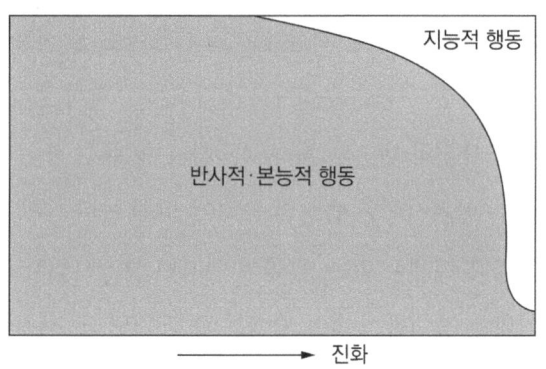

그림 1 | 진화 단계에 따른 동물의 지능적 행동과 본능적 행동의 비율

나타냈다.

단적인 예로, 아메바의 행동은 완전히 주위 상황에 대한 반사에 의해 일어나는 것으로, 아메바가 지능을 작용시켜 행동한다고는 생각되지 않는다. 다시 말해, 아메바는 지능 따위가 없어도 살아갈 수 있으며 자손도 잘 번식시키고 있다. 그렇다면 인간이나 원숭이보다는 진화 수준이 낮지만, 아메바보다는 훨씬 더 진화한 동물에 대해 살펴보기로 하자.

연어는 알에서 깨어난 뒤 강을 따라 내려가 바다로 나가고, 태평양을 수만 킬로미터나 회유한 끝에, 어김없이 홋카이도(北海道)나 알래스카의 자신이 태어난 하천으로 되돌아온다고 한다. 또 철새는 제철이 되면 일본에서 수천 킬로미터나 떨어진 적도 바로 아래의 섬이나 시베리아로 날아간다. 그렇게 하지 않으면 이 동물의 종(種)은 생존할 수 없고, 자손을 남길 수도 없기 때문이다.

그렇지만 이들이 인간처럼 해도(海圖)를 지니고 있거나, 나침반을 사용하거나, 달력에 의지하거나, 기상 전체를 관측하는 등 지능적인 수단을 강구해 이처럼 장대한 행동을 수행하고 있다고는 도저히 생각할 수 없다.

이 동물들은 자신의 생존과 종족 유지를 위해 본능 또는 반사라고밖에 말할 수 없는 불가사의한 습성의 능력에 의해 놀라운 생활을 영위하고 있다. 물론 인간에게는 없는, 동물의 이처럼 불가사의하고 뛰어난 행동을 '본능'이라는 블랙박스 속에 담아둔 채로 간단히 지나쳐 버리는 것은 결코 과학적인 태도가 아니겠지만, 그들이 보여주는 경이로운 행동이 지능의 결과는 아니라는 점만은 분명하다. 이 현상이 가르쳐 주는 것은, 지능 따위가 없어도 인간이 감히 따라가지 못할 놀라운 능력을 동물들이 아무렇지 않게 발휘하며, 그 덕분에 지구상에서 번영하고 있다는 사실이다. 다시 말해 '지능'이라 불리는 잔재주 같은 것이 없어도 조금도 곤란함이 없는 반사적이고 본능적인 능력만으로도 동물은 일상생활을 충분히 영위할 수 있다는 것이다.

지능이 없으면 살아가지 못한다

한편, 인간은 이러한 동물들처럼 생존 목적에 꼭 들어맞는 경이로운 습성을 지니고 있지 않다. 그렇기는커녕 항온동물(恒溫動物)임에도 불구하고 개나 원숭이처럼 보온에 필요한 체모도 거의 없고, 박쥐처럼 동면을 통해 추위와 굶주림을 극복하는 특기도 없다. 더욱이 맹수처럼 늠름하고 용맹한 힘조차 갖추고 있지 않다. 이러한 점에서 보면, 인간은 지구 위에서 살아가기에는 동물의 한 종으로서 매우 믿음직하지 못한 존재라고 하지 않을 수 없다. 그래서일까. 신(神)은 이처럼 불안하고 믿음직하지 못한 인간에게 '지능'이라는 무기를 허락하신 것은 아닐까.

이러한 사정을 이해한다면, 인간에게 지능이 있다는 것이 그다지 자랑할 만한 일은 아니라는 것을 알 수 있다. 여우는 양복을 입고 회사에 출근해야 할 필요가 없고, 쥐는 학교에 가야 할 의무도 없다. 인간에게 지능이 필요한 것은 생물계 전체로 보았을 때 어딘가 안쓰럽고 갸륵한 현상이라고밖에 달리 표현할 길이 없다.

인간은 자신이 지닌 생물학적 핸디캡을 지능으로 무장함으로써 가까스로 지구 위에서 생존할 수 있는 셈이다. 이런 사정을 잘 이해하고 자중하며 겸허하게 생활하고 있으면 될 것을, 분위기에 휩쓸려 지나친 과잉적응을 한 결과, 다른 동물에게서는 일어날 수 없는 동족상잔(同族相殘)을 벌이고, 개인이나 사회에 거의 가치가 없는 수험경쟁에 시달리며, 포식을 하면서도 경제전쟁에 골몰한다는 것은 정말로 한심한 일이 아닐 수가 없다.

지능과 그 밖의 정신 기능

인간의 정신 기능에는 '지(知)·정(情)·의(意)'라고 하듯이 지능 외에도 감정과 의지가 포함되어 있다고 본다. 그러나 지능과 의지는 각각 독립적으로 작용하는 것이 아니라, 서로 미묘하게 상관하며 함께 작용한 결과로 행동이 일어난다. 따라서 '지능이란 무엇인가'라는 문제가 제기될 때, 지능은 본능과는 다를 뿐 아니라, 성격(감정과 의지)과도 구별되어야 할 것이라고 말할 수 있다. 하지만 이 책의 목적은 이러한 심리학적 논의를 깊이 다루는 데 있는 것이 아니다. 우리가 일상생활 속에서 실제로 지능이 어떤 의미와 문제를 지니고 있으며, 그것을 어떻게 이해하고 받아들여야 할 것인가를 함께 살펴보려는 데 있다.

그에 앞서, 이러한 지능은 그 높고 낮음이 어떻게 결정되는가, 즉 유전에 의한 것인가, 아니면 환경적 조건에 의해 좌우되는 것인가 하는 문제와, 지능을 어떻게 측정할 수 있는가 하는 문제에 대해 우선 간단히 언급하고자 한다.

지능의 측정 2

지능검사는 지능을 어떻게 파악하는가?

지능이란 "그 사람이 어떤 상황에 놓였을 때 발휘되는 판단력이다"라고 말했다. 이에 대해 어떤 심리학자는 대담하고도 명쾌하게 "지능검사로 측정되는 것이 곧 지능이다"라고 단정하기도 한다. 이는 주객이 전도된 극단적인 주장이라고 하지 않을 수 없다. 지능검사를 위해 지능이 존재하는 것이 아니라는 점은, 마치 교사의 생활을 위해 아이들이 학교에 다니는 것이 아닌 것과 마찬가지로 자명한 이치가 아니겠는가. 지능검사로 측정되는 것은 '지능지수(知能指數)'이며, 따라서 "지능이란 무엇인가", "지능검사는 지능의 어떤 부분을, 어디까지 측정할 수 있는가"라는 반문이 언제나 뒤따라야 한다.

그러나 한편으로, "지능이란 무엇인가"에 대한 정의는 그 자체로 지나치게 막연할 뿐 아니라, 뒤에서 언급할 「아이들의 행동발달」이 지능 발달까지 포함하고 있음은 틀림없지만, 그 속에서 지능이 어떻게 드러나고 있는지는 아직 잘 알지 못하고 있다는 사실 또한 분명하다.

그 이유는 지능이 본래 하나의 개념에 불과하며, 그 형체가 눈에 직접 보이는 것도 아니고, 무게를 달 수 있거나 사진으로 찍을 수 있는 실체도 아니기 때문이다. 이러한 특성 때문에 지능 자체를 문제 삼으면 논의가 공전하기 쉬우며, 따라서 과학의 한 분야인 심리학은 실제로 측정 가능한 수단인 지능검사를 통해, 오히려 역으로 지능에 다가서려 했을 것이다. 그렇다면 지능검사는 지능을 어떻게 측정하는가를 살펴보기로 하자.

지능검사법의 예

지능검사에는 여러 가지 방법이 있는데, 그중 하나로 일반에게 잘 알려진 다나카-비네(田中-Binet)식 지능검사법의 일부를 소개하고자 한다.

이 검사법은 연령대별로 각 연령층에 해당하는 12문항 또는 6문항이 준비되어 있으며, 검사자는 검사를 받는 사람에게 해당 문제를 출제하여 검사한다.

이를테면 만 1세 연령층을 대상으로 한 제1문은 〈그림 2〉와 같이 녹색의 '끼움판'과 적색의 원형, 정사각형, 삼각형의 세 종류의 끼움틀을

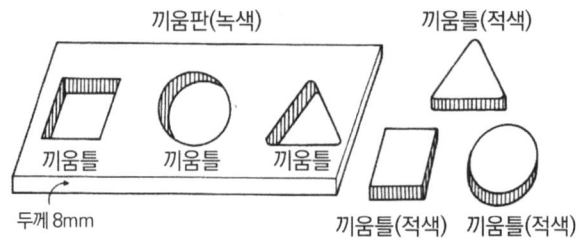

그림 2 | 세 가지 형태의 끼움판(출처: 다나카 교육연구소, 1979년)

나이	번호	문제	합격	재료	내용 및 기록
한 살	1	세 종류의 틀끼우기	각 1분 2/2	용구 1	(1) (2)
	2	고양이 찾기	2/3	용구 2, 14	(1) 중앙 (2) 왼쪽 (3) 오른쪽
	3	명칭에 의한 물건의 지시	6/6	용구 14	개, 공, 자동차, 찻잔, 인형, 가위
	4	신체 각부의 지시	3/4	용구 14	머리카락, 눈, 발, 코
	5	집짓기	각 1분 1/2	용구 3	1회 2회
	6	물건의 명칭	5/17	용구 5 (1)~(17)	비행기, 손, 집, 우산, 신, 공, 의자, 가위, 시계, 나뭇잎, 말, 안경, 국기, 책상, 총, 나무, 칼
	7	물건의 명칭	3/7	용구 6 7개	시계, 비행기, 숟가락, 국기, 바나나, 자동차, 모자
	8	끈 꿰기	2분 3개(이상)	용구 4	(개)
	9	용도에 따른 물건의 지시	3/6	용구 14	컵, 연필, 비, 가위, 의자, 경대
	10	물건의 명칭	7/17	용구 5 (1)~(17)	비행기, 손, 집, 우산, 신, 공, 의자, 가위, 시계, 나뭇잎, 말, 안경, 국기, 책상, 총, 나무, 칼
	11	간단한 명령의 실행	2/3	용구 7 5개	(1) 개 (2) 단추를 상자 위로 (3) 가위를 집짓기 곁으로
	12	물건의 명칭	5/7	용구 6 7개	시계, 비행기, 숟가락, 국기, 바나나, 자동차, 모자

그림 3 | 다나카 교육연구소·다나카-비네식 지능검사 기록용지 일부

사용한다. 우선 끼움틀이 모두 제자리에 맞게 끼워져 있는 상태의 끼움판을 아이에게 보여주고, "내가 어떻게 하는가를 잘 봐요"라고 말한 뒤, 끼움틀을 모조리 뽑아내어 끼움판 옆에 늘어놓는다.

그러고 나서 "자, 이것을 원래 있던 자리에 다시 끼워 넣어보렴"이라고 지시한다. 이 검사는 두 번 실시하며, 두 번째도 첫 번째와 같은 방법으로 출제한다. 검사 시간은 매번 1분이며, 1분 이내에 지시에 따라 정확하게 수행했을 경우 정답으로 처리한다. 〈그림 3〉에 보인 것처럼, 두 번 모두 정답을 맞추었을 때(2/2)에는 제1문을 합격으로 판정한다.

다른 문제 예로, 제4문인 신체 각 부위 지시 과제를 살펴보자.

그림 4 | 신체 각부의 지시
(출처: 다나카 교육연구소, 1979년)

〈그림 4〉에 제시된 그림을 아이에게 보여주고, "이 아이의 머리카락은 어느 것이니? 머리카락을 손가락으로 가리켜 보렴"이라고 질문한다. 이후 눈, 코, 발에 대해서도 같은 방식으로 차례차례 검사한다.

각 질문에 대해 단번에 정확히 가리켰을 경우 정답으로 처리하고, 〈그림 3〉에 보이듯이 총 4문제 중 3문제 이상을 맞추었을 경우, 제4문은 합격으로 평가한다.

〈그림 3〉에 따라 이와 같이 검

사를 실시한 결과, 한 살 연령층의 12문제 가운데 검사 번호와는 상관없이, 이를테면 4문항에 합격했다면, 그 아이의 정신연령은 한 살 4개월, 즉 16개월로 판정된다. 이는 곧 아이가 16개월(한 살 4개월) 된 정상아와 같은 수준의 지능을 지니고 있다고 보는 것이다.

이 다나카-비네식 지능검사법은 한 살부터 두 살, 세 살로…… 이렇게 연령에 따라 구분되어 열세 살까지, 그리고 일반 성인, 우수한 성인에 이르기까지 각 연령에 해당하는 수준의 고도화된 문제들로 구성되어 있으며, 전체 문항 수는 120문제에 달한다.

지능지수란?

앞에서 예로 든 아이의 경우, 지능검사 결과 정신연령이 한 살 4개월(16개월)이라는 사실을 알 수 있었다. 이제 이 아이의 지능지수를 다음의 계산식을 통해 구해보자.

$$지능지수(IQ) = \frac{정신연령(MA)}{생활연령(CA)} \times 100$$

실제 나이, 즉 생활연령이 다섯 살 7개월(67개월)이라고 하면, 위의 계산식에 따라 이 아이의 지능지수는 24가 된다.

지능지수의 분포

지능지수를 구하는 계산식을 보면 알 수 있듯이, 정신연령이 실제 나이와 같은 사람, 즉 연령에 해당하는 '판단력'을 지닌 보통 사람의 지능지수는 100을 기준으로 한다. 사실 많은 사람들에게 지능검사를 실시하고, 그 결과 얻어진 지능지수를 수치별로 집계해 그래프로 나타내 보면 〈그림 5〉와 같이 지능지수 100을 중심으로 인원이 가장 많이 분포되어 있다는 사실을 알 수 있다.

이와 같이 지능지수는 100을 정점으로 하여 양쪽으로 완만한 경사를 이루며 내려가는, 좌우 대칭의 그래프 형태를 나타낸다. 이 그래프를 정규 분포곡선(正規分布曲線)이라고 부르며, 지능지수뿐만 아니라 신장,

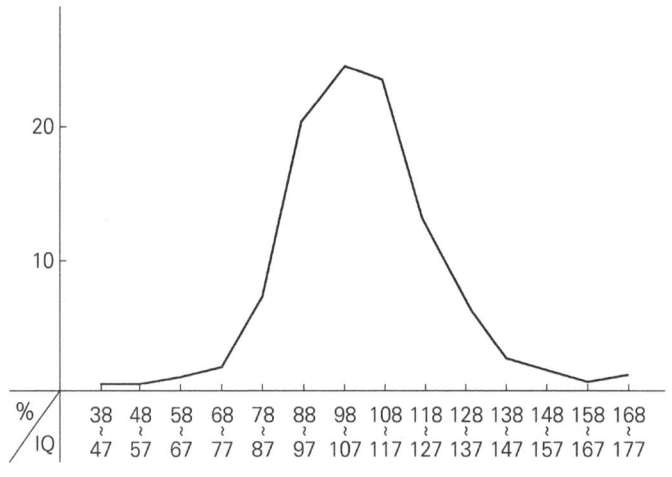

그림 5 | 지능지수의 분포(출처: 다나카 교육연구소, 1979년)

체중, 예금액 등 인간이 지닌 수치들을 집단 단위로 조사해 보면, 그 분포는 일반적으로 이와 같은 곡선 형태를 보인다.

그런데 이 그래프를 보면, 왼쪽 절반 중에서도 특히 왼쪽 끝에 가까운 부분에는 지능지수가 상당히 낮은 사람들도 소수이긴 하지만 존재한다는 것을 알 수 있다. 반대로 오른쪽 절반에서도 오른쪽 끝에 가까울수록 매우 높은 지능지수를 지닌 사람이 역시 소수이나마 존재한다. 지능지수가 유달리 낮은 사람들은, 특히 섬세한 교육이나 지원이 필요한 경우가 많으며, 그중에는 치료를 받아야 하는 사람도 있다. 이것에 대해서는 나중에 다시 생각하기로 한다.

한편, 지능지수가 특히 높은 사람들은 평균으로부터 동떨어져 있는데, 높은 지능지수를 지녔다고 해서 본인이 불편함을 느끼거나 주변에 피해를 주는 일은 없다. 오히려 이들은 다양한 분야에서 뛰어난 활약을 할 가능성이 높은 그룹이므로 비정상으로 볼 이유는 없다.

또한 지능지수를 산출하는 계산식을 보면 알 수 있듯이, 예를 들어 서른 살의 보통 사람과 같은 '판단력(정신연령)'을 보인 사람이 실제로는 예순 살이었다면, 생활연령이 두 배가 되므로 지능지수는 서른 살인 사람의 2분의 1밖에 되지 않는 것으로 계산되어 버린다. 이는 분명 불합리하다. 따라서 지능검사를 통해 지능지수를 구하는 것이 의미를 가지는 대상은, 아동이나 일정 연령 이하의 성인에 한정된다고 할 수 있다.

연습을 하면 좋은 점수를 얻을 수 있는가?

영재교육을 표방하는 일부 유치원 등에서는 지능검사와 비슷한 테스트를 실시해 원아를 선발하는 경우가 있다. 이에 따라 어떻게든 아이가 좋은 점수를 받을 수 없을까 하고 매우 열성적인 부모들도 적지 않다. 그 때문에 시중에는 지능테스트에 관련된 연습책이나 안내서 등이 다수 출판되어 있다.

만약 지능테스트에 대한 연습이 지능 자체를 향상시키는 것이라면, 부모가 그런 책을 구입해 아이에게 연습을 시키는 것도 의미 있는 일일 것이다. 그러나 실제로는 테스트 당일에 좋은 점수를 받게 하고 싶다는 바람에서 그렇게 하는 부모가 대부분인 듯하다.

그렇다면 그 결과는 어떨까? 실제로 연습의 효과가 약간은 있는 것으로 보인다. 그러나 그 효과는 오래 지속되지 않고, 곧 원래 상태로 되돌아간다. 지능 발달이라는 측면에서 본다면, 이러한 훈련은 별다른 효과가 없다고 말할 수 있다.

지능지수를 어떻게 생각할 것인가?

지능검사를 통해 얻어지는 지능지수는 검사실의 분위기, 검사자의 태도, 숙련도 등에 따라 적지 않은 영향을 받을 수 있다. 또한 검사를 받는 아이의 내향성(內向性), 긴장하기 쉬운 정도, 집중력 부족, 말이 적은 성향 등 성격적인 요인으로 인해, 지능검사에서 아이의 실제 지능 능력이 충분히 발휘되지 못하는 경우도 흔히 일어난다.

그래서 교육연구소나 병원 등에서 제시하는 지능지수의 수치는 검사할 때마다 약간씩 차이가 나는 경우가 자주 있다. 그러나 앞서 말한 이유로, 지능지수가 5~6 정도 오르내렸다고 해서 이를 '진보했다'거나 '후퇴했다'고 단정할 수는 없는 경우가 많다. 지능지수라는 수치 하나에 기뻐하거나 걱정할 것이 아니라, 좀 더 긴 안목에서 어린이나 청소년의 성장과 발달을 지켜보는 것이 중요하다.

지능이 높다, 낮다는 것은
무엇인가?   3

지능지수의 값이 기준

지능이 높다거나 낮다고 하는 양적인 문제는, 지능검사의 결과로 산출된 지능지수를 기준으로 논의되거나 비교되는 경우가 많다. 이처럼 지능지수를 근거로 하지 않는다면, 지능의 높고 낮음은 단지 인상에 그치거나 결론 없는 공론으로 흐르기 쉬우며, 그 논의 역시 부정확해질 가능성이 크다.

　지능검사를 통해 개인의 지능이 일정 수준 측정된다고 일단 가정할 경우, 지능이 어느 정도로 높거나 낮은지를 논할 때는 편의상 또는 실제 임상(臨床) 현장에서도 지능지수를 인용해 판단하게 된다.

지능검사는 어떤 경우에 실시하는가?

대부분의 사람들은 병원이나 아동상담소 같은 데서 실시하는 개별 지능검사를 받아본 경험이 없는 것이 보통이다. "지능이란 무엇인가"라는 이 책을 집필하고 있는 필자도 지능검사를 받아본 적이 없다. 따라서 내 지능지수를 알지 못한다. 또한 앞으로도 지능검사를 받을 생각은 없다. 왜냐하면 스스로 "지능에 문제가 있는 것은 아닐까?" 하고 의심해 본 적도 없고, 타인으로부터 그런 의심을 받은 경험도 없기 때문이다.

　그러므로 병원 등에서 지능검사가 실시되는 경우는, 대체로 "아무래도 지능이 낮은 것 같다. 어느 정도인지 확인해 보자"는 필요성이 있을 때로 한정된다. 지능에 별다른 문제가 없어 보이거나, 오히려 우수하다는 것을 이미 알고 있는 경우까지 굳이 지능검사를 실시하는 일은, 특별한 사정이 없는 한 거의 없다.

집단 지능검사는 학교 등 교육 현장에서 일제히 실시하는 경우도 있지만, 어쨌든 임상심리학 전문가에 의해 시행되는 지능검사는 주로 지능이 낮은 아이들을 대상으로 이루어진다.

즉, 그러한 아이의 지능장애 정도를 판정할 목적으로 지능검사를 실시하고, 그 결과를 바탕으로 중도(重度: 지능장애가 가장 심한 경우), 중등도(中等度: 중도와 경도의 중간), 경도(輕度: 비교적 가벼운 지능장애로, 일반 아동 중에서 비교적 지능이 낮은 편에 속하는 아이 다음 정도) 중 어느 단계에 해당하는지를 확인한다. 이러한 분류는 교육적·복지적 측면에서 보다 섬세하고 적절한 지원 대책을 수립하기 위한 하나의 기준으로 활용된다.

이 때문에 일반 사람들은 자신의 지능지수가 어느 정도인지 모르는 것이 보통이며, 그래도 일상생활에는 아무런 불편이 없다.

지능보다는 일을 할 수 있는 사람이냐, 아니냐가 문제

그런데 실제로 일상생활에서는 "저 사람의 지능지수는 어느 정도일까?"라는 질문이 화제가 되는 경우는 거의 없다. 그보다는 "그 사람이 일을 제대로 해낼 수 있는 사람이냐 아니냐"가 더 큰 관심사가 된다. 정확한 판단 아래 솜씨 좋고 정확하게 작업을 수행하며, 약속한 시간 안에 이를 마무리할 수 있는 사람인지 아닌지가 직장이나 지역사회에서 중요한 평가 기준이 되며, 그 사람에 대한 평판도 이에 따라 형성된다.

대충 얼렁뚱땅 일처리를 하면서도 "그래도 머리는 좋다"는 식의 관대한 평가는, 이 세상에서 좀처럼 받아들여지지 않는다. 즉, 어떤 사람이 가령 지능검사를 받게 된다면 어느 정도의 점수를 얻을 것인지, 또는 본래의 잠재능력이 높다거나 낮다거나 하는 점은 그다지 고려되지 않는다. 무엇보다도 현실적으로 얼마나 실제적인 역량을 발휘하고 있는가 하는 점이 중요하다. 지능은 그러한 전인적(全人的) 능력의 요소 가운데 하나로 존재한다고 보아야 할 것이다.

다시 지능의 정의에서부터

이 책의 서두에서는 지능을 "사람이 자신이 처한 입장 속에서, 어떻게 하면 잘 살아갈 수 있는지를 올바르게 판단하는 정신 기능"이라고 정의했다. 그러나 실제로는 지능지수가 높다고 해서 일상생활에서 발휘되는 판단력이 반드시 뛰어나다고 말할 수 없는 경우에 자주 직면하게 된다.

그러므로 지능이란 마치 지하에 묻혀 있는 광맥과 같은 것이 아닐까. 그것이 운 좋게 잘 발굴되어 활용된다면 비로소 가치가 생기지만, 발굴되지 못하면 가치가 없다. 또 광맥이 없는 곳을 아무리 파 본들, 그 안에서 가치를 찾아낼 수는 없다.

중요한 일은 개인이 소질로서 지니고 있는 지능이 실제 생활 속에서 어떻게 활용되고 있느냐에 달려 있다고 할 수 있을 것이다.

지능은
유전하는가? 4

부모의 지능과 자식의 지능

일본인으로는 처음으로 노벨 물리학상을 수상한 유카와 히데키(湯川秀樹) 박사는 형제가 모두 유명한 학자로 활동했으며, 이들 가문은 흔히 우수한 혈통으로 불린다. 유카와 형제의 부친도 교토(京都)대학의 교수였다. 이처럼 이름난 집안이 아니더라도 부모의 지능이 높고, 자녀들까지도 우수한 사례는 우리 주변에서도 이따금 볼 수 있다. 이러한 사례들로 인해, 자녀의 지능이 부모를 닮는다는 인식은 예로부터 경험적으로 널리 퍼져 있었던 듯하다. 그러나 정말로 지능은 자손에게 일정한 수준으로 계승되는 것일까?

얼굴이 닮는 만큼 지능은 닮지 않는다

생각해 보면 '우수한 집안'으로 유별나게 소문이 자자한 경우는 오히려 드문 편이다. 이는 일반적으로는 부모와 자식 사이에 지능이 변함없이 계승되는 일이 많지 않다는 사실을 보여주는 것은 아닐까 하는 생각이 든다.

근세 이후만 하더라도 세계적으로 위대한 업적을 남긴 인물들 가운데 우리에게도 이름이 익숙한 이들이 많이 있었다. 그렇다면 그러한 위대한 인물들의 자손들은 지금 어떻게 살고 있을까? 어김없이 높은 지능이 부모에게서 자녀로 계승되는 것이라면, 세상은 이미 지능이 높은 집안과 지능이 보통인 집안으로 명확히 구분되어, 지능 수준에 따라 고정된 사회구조가 형성되었을지도 모른다.

그러나 실제로는, 부모가 그리 뛰어나지 않음에도 지능이 매우 높은 자녀가 있는가 하면, 반대로 상당히 높은 지능을 지닌 부모의 자녀가 부모만큼 따라가지 못해 고민하는 경우도 있다. 어쩌면 후자와 같은 사례가 오히려 더 많지 않을까?

한편, 부모와 자식은 쏙 빼닮은 듯 서로 많이 닮는다. 그러나 얼굴은 그렇게 닮아도, 지능에서는 부모와 자식 간에 닮지 않는 경우가 많아 보인다. 이는 또 어째서일까? 이번에는 유전학의 관점에서 그 이유를 살펴보기로 하자.

유전이란 무엇인가?

유전이란 부모의 형질(形質: 성질과 특징)이 자식에게 전달되는 것을 말한다. 이를테면 소에서는 반드시 소가 태어나고, 간세포(肝細胞)로부터는 간세포만이 생겨나는 것도 유전에 해당한다.

이처럼 유전이 일어나는 메커니즘은 세포 속 염색체에 있는 유전자의 작용에 기인한다. 그러나 유전되는 형질 가운데에는, 연골이영양증(軟骨異榮養症)처럼 유전성이 매우 강한 유전병도 있다. 이 병은 부모 중 한쪽만 유전자 이상을 가지고 있어도, 다른 한쪽 부모가 실제로는 유전적으로 건강한 경우라도 자녀 가운데 절반 가까이가 같은 병에 걸릴 가능성이 있다. 이러한 유전 방식을 우성유전(優性遺傳)이라고 한다.

한편, 페닐케톤뇨증(phenylketonuria)과 같은 질환의 경우, 부모 양쪽이 각각 이 병의 유전인자를 가지고 있더라도, 그 인자들이 부모의 몸에서 쌍을 이루지 않으면 발병하지 않는다. 그러나 자녀가 양쪽 부모에게서 각각 병적 유전자를 하나씩 물려받아 쌍을 이루게 되면, 자녀에게서는 이 병이 나타나게 된다. 이 유전 방식을 열성유전(劣性遺傳)이라고 한다.

오늘날의 의학에서는, 앞서 예로 페닐케톤뇨증처럼 성장 과정에서 지능장애를 일으킬 수 있는 유전병에 대해서도, 갓난아기가 이 질환을 가지고 태어났는지를 출생 직후에 바로 발견할 수 있다. 그리고 일정 기간 특별한 식이요법을 취하면 장애가 나타나지 않도록 예방할 수도 있다. 이처럼 유전자가 반드시 모든 것을 운명적으로 결정해 버리는 것은 아니다. 그렇다면 이제 지능의 경우, 그것이 과연 유전되는 것인지 아닌지를 살펴보기로 하자.

일란성 쌍둥이의 연구

인간의 능력 발달이나 특정 행동의 원인을 둘러싸고 소질(유전)이 더 중요한가, 아니면 성장 과정에서의 환경이 더 큰 영향을 미치는가 하는 문제는 끊임없이 논란의 대상이 되어 왔다.

이러한 경우, 일란성 쌍둥이(一卵性雙生兒)에 대한 조사 결과가 이 문제를 해명하는 데 중요한 단서를 제공해 준다. 일란성 쌍둥이란, 본래 한 사람으로 태어날 예정이었던 하나의 수정란(난자와 정자가 결합한 세포)이, 수정 후 얼마 지나지 않아 어떤 원인으로 둘로 분리되어 자궁 속에서 두 개의 태아로 성장한 결과, 두 명의 아기로 태어난 경우를 말한다. 이들은 동일한 유전자를 지니고 있으므로, 유전적 조건도 완전히 일치한다.

일본에서는 태어난 쌍둥이 중의 한 아이를 다른 집에 맡겨서 기르는 경우가 거의 없지만, 미국 등지에서는 이러한 일이 비교적 흔하게 일어난다. 이로 인해 일란성 쌍둥이로 태어났으면서도 성장환경이 달라지는 예가 흔히 있다. 이러한 경우, 성장한 뒤 두 사람의 지능을 비교해 보면, 지능이 유전의 영향인지, 아니면 성장 과정에서의 환경조건에 더 큰 영향을 미치는지를 판단할 수 있는 단서를 얻을 수 있다.

조사 결과, 성장환경이 서로 다르더라도 일란성 쌍둥이의 경우에는, 다음에서 설명하듯이 두 사람의 지능지수가 거의 같다는 사실이 밝혀졌다. 이는 곧 '지능은 유전에 의해 결정된다'는 주장을 뒷받침하는 중요한 근거가 되었다.

지능지수에서 보는 부자, 형제간의 비교

한편, 고아원에서 자라는 아이들, 이른바 '시설'에서 생활하는 아동들은 동일한 환경에서 성장하지만, 혈연적으로는 완전히 타인인 경우가 대부분이다. 이들에 대한 지능지수를 조사해 본즉, 각 아동의 지능지수는 제각기 달랐으며, 전체적으로는 시설 생활이라는 환경에서 공통적으로 나타나는 지능적 특성은 발견되지 않았다. 또한 각 시설별로도 일관된 경향은 없었고, '시설'이라는 생활환경과 그 안에서 자란 아동들의 지능지수 사이에는 뚜렷한 상관관계가 없다는 사실이 밝혀졌다(출처: 「로렌스의 고아원 연구」, 아이젠크&케이민, 1981년).

이에 대해 실제 부모와 자식, 그리고 형제간의 지능지수를 비교한 연구 결과(〈표 1〉 참고)에 따르면, 상관계수(相關係數: 두 측정값 사이의 관계 깊이를 나타내는 수치로서 0.0은 전혀 관련이 없음을, 1.0은 완전한 정비례 관계가 있

기준 항목	상관값	
	양부모	실부모
부친의 교육	0.01	0.27
IQ	0.07	0.45
어휘	0.13	0.47
모친의 교육	0.17	0.27
IQ	0.19	0.46
어휘	0.23	0.43
부모 대신의 후견자의 IQ	0.20	0.52
문화 지수	0.25	0.44
윗티아 지수	0.21	0.42
수입	0.23	0.24
주거는 자택이다	0.25	0.32
집에 책이 없다	0.16	0.34
부모의 감독이 적당하다	0.12	0.40
추정 무게 상관값	0.35	0.53
시정된 추정 무게 상관값	0.42	0.61

표 1 | 아이들의 IQ(지능지수)와 부모 및 가정 배경 요소 간의 상관계수(출처: 바크스, 1928년)

음을 의미한다. 이 값은 통계학적 계산을 통해 산출된다)가 각각 0.5로 나타났다(출처: 아이젠크&케이민, 1981년).

즉 일정한 정도까지는 서로 닮는 경향이 분명히 존재하지만, 반드시 그렇지 않은 경우도 적지 않다는 뜻이다. 앞에서 말한 일란성 쌍둥이의 경우, 지능지수의 상관계수는 0.7~0.9 범위로 나타나, 두 사람의 지능이 매우 유사함을 보여준다(출처: 아이젠크&케이민, 1981년).

이상을 정리해 보면 지능지수는 부모와 자식, 또는 형제간의 경우에는 일란성 쌍둥이의 경우처럼 거의 같다고는 말할 수 없다. 닮는 일이 자주 나타나긴 하지만, 닮지 않는 경우도 결코 적지 않다는 사실을 보여준다. 일란성 쌍둥이에 대한 조사에서는 지능이 유전에 의해 결정된다고 말할 수 있을 듯하다. 그렇다면 왜 부모의 지능이 자식에게 정확하게 그대로 전달되지 않는 것일까?

지능의 유전 메커니즘

유전은 세포 핵에 있는 염색체 위에 실려 있는 유전자에 의해 결정된다. 지능의 유전도 유전자의 작용에 의해 일어나며, 지능의 높고 낮음을 결정하는 유전자는 매우 많은 유전자 좌위(遺傳子座位: 염색체 위에서 유전자가 차지하는 위치)에 걸쳐 분포해 있는 것으로 여겨진다. 다시 말해 지능유전자는 단일한 위치에 존재하는 것이 아니라 여러 유전자들이 관여하며, 염색체 곳곳에 흩어져 있는 것으로 추정된다. 이러한 유전 방식을 다인자 유전(多因子遺傳)이라고 한다.

지능은 다인자 유전이기 때문에 부모의 지능이 반드시 직선적으로 자식에게 전해지는 것은 아니다. 그 때문에 개인 또는 한 가족 중에서도 지능 분포의 편차가 매우 커, 지능이 과연 유전되는 것인지 아닌지가 명확히 드러나지 않는 경우도 많다. 앞서 언급한 일란성 쌍둥이, 부모와 자식 사이, 형제 사이의 지능이 일치하는 비율에 대한 연구도 모두 대규모 집단을 대상으로 한 조사에 근거해 도출된 결론이다.

그렇다면, 유전될 것으로 예상되는 지능이 부모와 자식 사이에서 자주 다르게 나타나는 것일까? 이 질문이 의미하는 바를, 유전자 가설(遺傳子假說)과는 별개의 관점에서, 인간생태학(人間生態學) 또는 사회학적 측면에서 생각해 보기로 하자.

조상 복귀의 가설

인간은 결혼할 때 서로 지능이 비슷한 상대를 선택하는 경향이 있다는 조사 결과가 있다. 지능이 높은 부부는 자녀 또한 마땅히 지능이 높을 것이라고 기대하는 경우가 많다. 즉 세상 마찬가지로 지능이 높을 것이라고 생각하고 있다. 다시 말해, 많은 사람들은 다음과 같이 믿고 있는 듯하다.

"지능은 유전한다. 지능이 높은 부부에게서는 지능이 높은 아이가, 보통 수준의 부부에게서는 보통 지능의 아이가, 지능이 낮은 부부에게서는 지능이 낮은 아이가 태어난다."〈그림 6-왼쪽〉

그러나 현실적으로는 이처럼 기계적으로 부모의 지능을 그대로 닮은

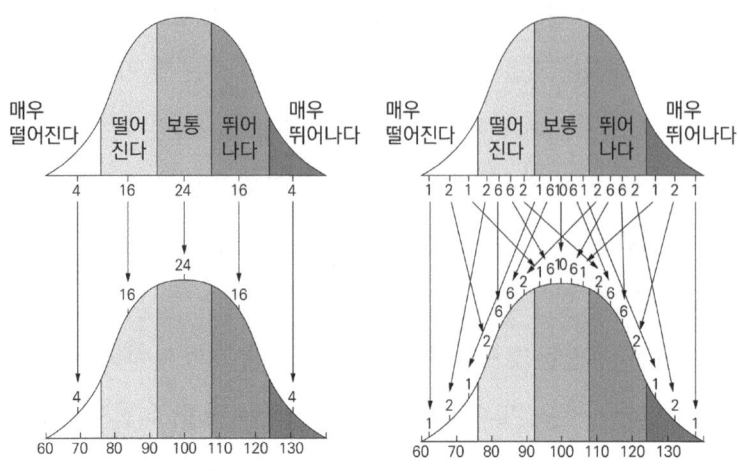

그림 6 | 왼쪽은 일반 대중이 생각하는 IQ의 유전 패턴을 나타낸 것으로, 이 모델이 잘못된 이유는 '평균으로의 회귀' 현상을 무시하고 있다는 데 있다. 실제로는 오른쪽 그림과 같이 나타나는 것이 보다 현실적인 패턴이다(출처: 아이젠크&케이민, 1981년).

자녀만이 태어나는 것은 아니다〈그림 6-오른쪽〉. 확실히 지능이 높은 부부에게서 지능이 높은 아이가 태어날 확률은, 다른 수준의 부부보다 높은 편이지만, 보통 지능을 가진 아이가 태어나거나, 때로는 지능이 낮은 아이가 태어나는 일도 있다. 반대로 지능이 약간 낮은 쪽의 부부에게서 일반적으로는 지능이 낮은 아이가 태어날 가능성이 크지만, 때때로 비교적 지능이 높은 아이가 태어나는 일도 있다.

지능이 높은 부부는, 자녀가 기대만큼 우수하지 않다는 사실을 깨닫고 심각하게 고민하는 경우가 적지 않다. 그런데 유럽의 한 조사에 따르면, 자녀가 부모와 동일한 수준의 사회 계층에 머무를 수 있는 경우는 세 명 중 단 한 명에 불과하다고 한다. 이는 곧, 자신이 성장한 부모의 가정과 같은 생활을 자신의 대에서도 어김없이 확보해 나갈 수 있으리라는 보장은 없다는 뜻이다. 실제로 우리 주변을 둘러보더라도, 이른바 우수한 혈통이라 불리는 집안에서도, 높은 지능을 요구하는 직업에 3대에 걸쳐 종사하는 경우는 거의 찾아보기 어렵다는 사실을 알게 된다. 그렇다면 이러한 현상은 과연 무엇을 의미하는 것일까?

예로 들기에 다소 적절하지 않을지도 모르지만, 금붕어 양식장에서는 많은 금붕어들 속에 간혹 보통 붕어가 섞여 있는 일이 있다고 한다. 이는 붕어가 양식장에 잘못 들어온 것이 아니라, 본래 금붕어가 붕어의 품종을 인간이 인위적으로 개량해서 만들어 낸 것이기 때문이다. 즉, 금붕어는 어느 순간 조상인 붕어의 형질로 자연스럽게 되돌아가는 경우가 있는 것이다. 다시 말해, 금붕어의 몸속에는 조상인 붕어의 유전자가 잠복해 있다가, 어떤 계기를 통해 그것이 겉으로 드러나는 것은 아닐까?

지능이 높은 부부이든, 비교적 지능이 낮은 부부이든, 이들의 지능 상태는 유전적으로 보았을 때 일시적이고 불안정한 표현일 수 있다. 다시 말해 몸속에 잠복해 있는 조상 세대의 보통 사람의 지능이 어느 순간 불쑥 나타나는 현상이라고 볼 수 있다. 이러한 현상을 조상 복귀(祖上復歸)라고 부른다.

혹은 이렇게 표현할 수도 있을 것이다. 높은 지능은 마치 흔들이가 오른쪽으로 크게 진동한 상태, 낮은 지능은 흔들이가 왼쪽으로 크게 진동한 상태에 해당하며, 이 둘 모두 본질적으로는 불안정하고 유동적인 상태에 지나지 않는다. 흔들이가 어느 한쪽으로 크게 흔들리더라도, 그것은 많아야 1대나 2대에 걸친 일시적인 지능의 모습일 뿐이다. 결국 흔들이는 본래의 중심 위치로 돌아가려는 운동을 하게 되고, 그 결과 자녀는 평균에 가까운 지능을 지닌 채 태어나게 된다고 말할 수 있을 것이다.

사회학적으로 볼 때, 이러한 현상은 높은 지능을 지닌 사람들, 더 나아가 고도의 지식이나 기술을 요구하는 직업에 종사하는 인재들이 특정한 혈통이나 계층에서만 배출되는 것이 아님을 시사한다. 오히려 이들은 여러 계층에서 고르게 등장하며, 이를 통해 각종 조직의 신진대사가 원활히 이루어지고, 그 결과 사회 전체의 활력이 유지되는 것이다.

지능은 환경에 의해 바뀔 수 있는가? 5

유전이 더 중요하다는 견해

지능의 높고 낮음을 결정짓는 원인으로, 성장환경보다 유전이 더 중요하다고 주장하는 근거로는 앞서 말한 일란성 쌍둥이에 대한 조사 결과가 있다. 즉, 유전적 조건이 같은 일란성 쌍둥이 두 사람 사이의 지능 상관계수는 0.7~0.9 범위로, 매우 높은 일치도를 보였다.

한편, 유전적 조건에 일정한 차이가 있는 동성(남녀 간의 차이를 피하기 위해 남자끼리 또는 여자끼리)의 이란성 쌍둥이(二卵性雙生兒)에서는, 지능의 상관계수가 0.5~0.7 수준으로 나타나, 일란성 쌍둥이보다 낮은 수치를 보였다. 일란성 쌍둥이든 이란성 쌍둥이든, 양자로 보내지지 않는 한 성장환경은 동일하므로, 이들 사이의 상관계수 차이는 결국 유전적 조건의 차이에서 비롯된 것으로 해석할 수 있다. 즉, 유전은 지능을 결정짓는 데 매우 중요한 요인이라는 사실이 이 같은 결과를 통해 입증된 것이다.

반대로 환경조건이 지능에 어느 정도 영향을 미치는지를 알아보기 위해 다양한 실태 조사가 실시되었다. 그러나 그 결과 가정의 경제 상태나 아이들의 영양 상태는 지능지수에 영향을 주지 않았다는 보고도 있다.

유전적 관련이 없는 양자와 양부모에 대한 조사는, 생활환경이 지능에 어떤 영향을 미치는지를 알아보기 위해 다수의 양자-양부모 쌍을 대상으로 수행되었다. 양자와 양부모는 유전적으로 아무런 관련이 없기 때문에, 이들의 관계를 조사하면 환경 요인이 지능에 어떤 영향을 미치는지를 상대적으로 명확히 파악할 수 있다.

그러나 그 결과 양자의 지능지수와 양부모의 사회적·경제적 지위 사이에는 어떠한 관련성도 인정되지 않았다. 즉, 성장환경의 우열은 아이의 지능에 유의미한 영향을 미치지 않는다고 한다〈표 1〉.

한편, 양자로 보내진 아이와 친부모(유전적 관계는 있으나 생활환경은 여러 측면에서 달라진 경우)를 대상으로 한 조사에서는, 아이의 지능지수가 친부모의 사회적·경제적 지위와 큰 상관이 있었다. 다시 말해, 아이의 지능은 부모의 사회적 지위와 밀접한 관련이 있음을 확인할 수 있다. 참고로 개인의 사회적·경제적 지위는 그 사람의 지능과도 밀접한 관련이 있다는 다른 보고가 있으며, 이는 〈그림 7~8〉, 〈표 2〉에서 확인할 수 있다. 이 양측의 조사 결과를 정리하면 "지능은 성장(환경)보다 혈통(유전)이다"라고 말할 수 있을 것이다.

반대로 지능은 유전자보다 환경의 영향이 훨씬 더 중요하다고 주장한다면, 지능이 높은 부모가 형성한 가정과, 지능이 낮은 부모의 가정에서는 실제로 그런 차이가 나타나는지를 살펴볼 필요가 있다. 이제 그 실태를 살펴보기로 하자.

지능이 높은 부모는 대체로 사회적 지위가 높고, 경제적으로도 유복한 편이 많다. 이러한 가정은 일반적으로 교육적 환경이 잘 갖춰져 있다. 이런 환경에서는 유전적으로 지능이 높은 자녀뿐 아니라, 유전적 편차로

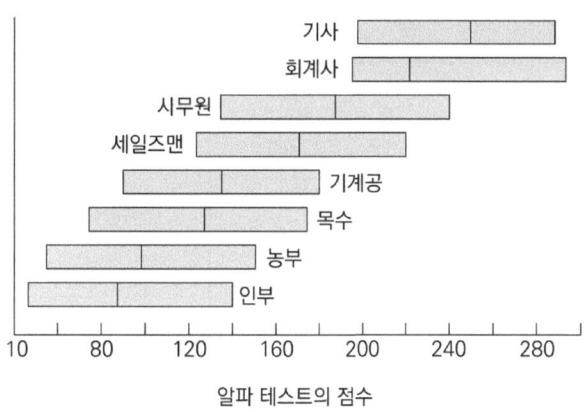

그림 7 | 제1차 세계대전 당시 병사들을 대상으로 실시한 알파 테스트 결과.
출신 직업별 평균 점수 비교(출처: 야크스, 1921년; 아이젠크&케이민, 1981년)

인해 본래는 지능이 높지 않았을 아이도 우수한 교육 환경의 영향을 받아, 결과적으로 평균 이상의 지능 수준까지 발달해 있을 가능성이 크다.

한편, 부모의 지능이 약간 낮은 가정에서는 교육 환경이 상대적으로 열악해지기 쉬우며, 이로 인해 그 가정의 아이들 또한 지능이 낮을 것으로 예상되기 쉽다. 그러나 실제로는 지능이 높은 부모의 가정에서도 지능이 낮은 아이가 내어나는 경우가 종종 있으며, 반대로 지능의 낮은 부모의 가정에서도 비교적 지능이 높은 아이가 태어나는 일도 드물지 않다.

뉴턴이나 에디슨과 같이 역사에 이름을 남긴 학자나 발명가들 가운데에는, 매우 가난하고 불우한 가정에서 성장한 인물들도 적지 않다. 이러한 사례를 근거로, 유전 중심의 입장을 취하는 학자들은 성장환경만으로는 지능의 높고 낮음을 결정할 수 없다고 주장한다.

수치		
회 계 사	128	
법 률 가	128	
감 사 역	125	
리 포 터	124	
사 무 주 임	124	중류계급의 직업
교 사	122	
제 도 사	122	
약 제 사	120	
장 부 담 당 자	120	
직 공	112	
기 계 공	110	
현 장 감 독	110	
항 공 기 기 계 공	109	
전 기 기 사	109	숙련 노동계급의 직업
선 반 공	108	
판 금 공	108	
수 리 공	106	
리 베 트 공	104	
도 장 공	98	
요리사·빵직공	97	
트 럭 운 전 사	96	
노 동 자	96	
이 용 사	95	반숙련 노동계급의 직업
벌 목 공	95	
농 부	91	
갱 부	91	
(운반용 우마차의)마부	88	

표 2 | 미국에서의 다양한 직업별 IQ 평균치(출처: 하리스&하렐, 1951년; 아이젠크&케이민, 1981년) 이 표는 약 70여 년 전, 미국에서 실시된 조사 결과이므로, 구체적인 수치나 관계를 오늘날 일본 사회의 실태에 그대로 적용하는 데는 다소 무리가 있을 수 있다. 또한 각 직종 내에도 지능 수준이 높은 사람과 비교적 낮은 사람이 공존하므로, 단지 어떤 직업에 종사하고 있다는 이유만으로 개인의 지능 수준을 단정하는 것은 잘못된 접근이다. 이러한 점은 우리의 일상생활 속에서도 자주 경험하게 되는 사실이다.

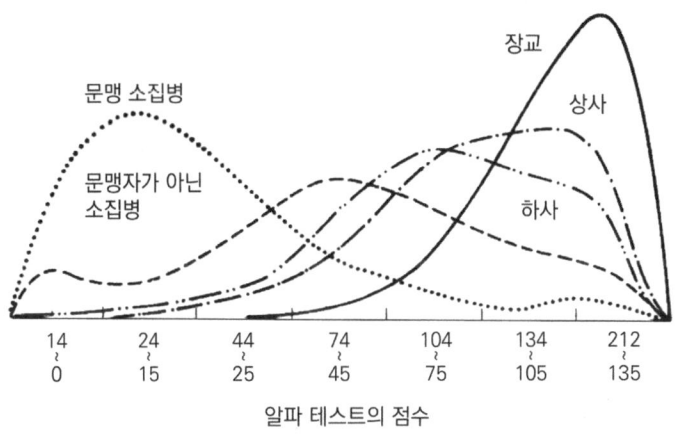

그림 8 | 제1차 세계대전 당시, 미국 육군 내 다양한 그룹별 알파 테스트 점수 비교
(출처: 요컴&야크스, 1920년; 아이젠크& 케이민, 1981년)

환경이 더 중요하다는 견해

그런데 유전보다 환경이 지능의 높고 낮음을 결정하는 데 중요한 요인이라고 주장하는 학자들도 있다. 그 수는 많지 않지만, 일정한 연구 결과를 바탕으로 환경의 영향력을 강조하는 소수 의견이 존재한다.

예를 들어, 미국 프린스턴 대학의 심리학 교수인 L. 케이민(L. Kamin)은 대표적인 지능의 환경 우위설(環境優位設)을 주장하는 학자이다. 그는 유전 우위설을 지지하는 학자와 마찬가지로, 지능에 관한 실태조사 결과를 자신의 주장의 근거로 삼고 있다.

양자로 들어간 아이들의 지능지수는 그 집에서 태어나 자란 친자식(미국 등에서는 우리와는 달리, 친자식이 있는데도 다시 양자를 맞아 키우고 있는 가

	텍사스의 조사	미네소타의 조사
실자 — 실자	0.35 (N=46)	0.37 (N=75)
양자 — 양자		0.49 (N=21)
실자 — 양자	0.29 (N=197)	0.30 (N=134)

N은 상관값을 구하는 기초가 된 형제(자매)의 짝수를 나타낸다. 이 표에서 주목할 점은 실자끼리의 조합은 유전적으로 관련되어 있지만, 나머지 두 경우는 유전적 관계가 없다는 점이다. 텍사스의 조사는 폰 외(1973년), 미네소타의 조사는 스카와 와인버그(1977년)의 연구에 따른 것이다.

표 3 | 자기 자녀가 있는 가정에 입양된 아이들과 그 가정의 형제·자매 간 IQ 상관값 (출처: 아이젠크 & 케이민, 1981년)

정이 많다)의 지능지수와 마찬가지로, 가정환경과 높은 상관성을 보였다고 한다〈표 3〉. 또 친부모들의 지능지수가 약간 낮은 편이었는 데도 양자로 보내진 아이들은, 양자로 들어간 집의 친자식들과 비교해서 손색이 없는 높은 지능지수였다고 보고하고 있다.

한편, 일부 조사에서는 출생 직후 이른 시기에 입양된 아동일수록 지능지수가 높은 경향이 있다고 보고하고 있다.

또한 환경 요인을 중시하는 학자는, 유전 중심 학자들이 주요 연구 수단으로 활용하는 쌍둥이 연구에 대해서도 비판을 제기한다. 이들의 주장에 따르면, 일란성 쌍둥이는 이란성 쌍둥이에 비해 서로 더 유사한 성장환경을 공유하기 때문에, 두 사람의 지능지수 간 상관이 높게 나타나는 것은 어찌 보면 당연한 결과라는 것이다. 마찬가지로 형제·자매와 이란성 쌍둥이는 유전적 조건이 같거나 매우 유사함에도, 쌍둥이 간의 지능 상관이 높게 나타나는 것은, 그들이 일반 형제·자매보다 훨씬 더 비슷한 환경에서 성장했기 때문이라고 설명한다.

각 견해의 비중

그렇다면 과연 유전 중심의 견해와 환경 중심의 견해 중 어느 쪽이 옳다고 판단해야 할까? 지능이 어느 정도까지 유전에 의해 결정되는지, 그리고 환경이 지능 형성에 얼마나 중요한 역할을 하는지는, 앞서 언급했듯이 모두 대규모 집단조사를 바탕으로 한 연구 결과이다. 즉 개별 가족 단위로 관찰하고 분석하는 방식만으로는 이 문제에 대한 결론을 내리기 어렵다.

인간의 유전양식이 선명하지 못한 것은 농작물이나 다른 동물의 경우처럼 교배 실험이 불가능한 데다, 부부 사이에서 태어나는 자녀의 수가 매우 적다는 점 등 연구에 한계가 있기 때문이다. 이러한 이유로 인간의 유전 양식을 파악하려면 개별 사례가 아닌 집단을 대상으로 한 조사가 필수적이다. 따라서 집단조사의 결과는 개개인이나 특정 가족의 유전에 관한 우리의 인상과 반드시 일치하지는 않을 수 있다.

그런데 지능의 높고 낮음을 결정하는 요인에 대해 유전을 중시하는 학자인 런던 대학교 심리학 교수 H. 아이젠크(H. Eysenck)는, 지금까지의 집단조사 결과를 바탕으로 다음과 같이 보고했다. 즉, 지능의 분산(표준편차의 제곱) 중 80퍼센트는 유전, 20퍼센트는 환경 요인에 의해 설명된다는 것이다.

여기서 주의해야 할 점은, 이 수치가 곧 유전이 환경보다 4배나 중요하다는 의미는 아니라는 점이다. 아이젠크의 설명에 따르면 유전과 환경 중 어느 쪽이 더 중요한지를 판단하려면, 분산비율의 제곱근, 즉

$$\sqrt{\frac{80}{20}} = \sqrt{4} = 2$$

의 식과 같이 된다고 한다.

즉 지능은 유전에 의해 환경의 2배의 영향을 받게 된다고 말한다. 이처럼 유전 중심의 입장을 취하는 학자들도, 지능 형성에 있어 환경 요인의 존재 자체를 부정하지는 않는다. 반면, 환경 중심 학자들은 앞서 살펴본 바와 같이, 일반적으로 유전 현상으로 간주되는 요소들조차도 환경적 요인으로 해석할 수 있다고 주장한다. 그러나 이와 같은 주장에 대해서는, 논리적 정합성이 다소 부족하다는 지적도 있다.

사물의 의미란, 어떻게든 설명하려고 마음먹으면 얼마든지 해석이 가능하다. 그러나 그것이 지나치게 주관적이어서는 곤란하다. 환경 요인 중에서 지능 발달에 강한 영향을 미치는 요소는, 뒤에서 언급할 학교 교육이 아니라 신생아기나 유·유아기(乳·幼兒期) 등의 초기 환경이라고 생각된다. 지능 형성 요인을 둘러싼 논쟁에 있어서, 유전 중심론자나 환경 중심론자뿐만 아니라 심리학자나 교육자들도 '어떤 가정 환경이 어떤 방식으로 작용해야 지능 발달에 효과적인 환경조건이 되는가'에 대해 이제부터 실증적이고 구체적인 해명 작업을 수행해 나가야 할 시점이다.

2장

지능은 어떻게 결정되는가?

지능의 대뇌생리학 1

대뇌와 신경세포

지능은 다양한 사물이나 사건들이 서로 어떻게 관련되어 있는지를 인식하고, 그에 따라 올바른 판단을 내리는 정신적 활동이다. 이러한 인식과 판단이 이루어지려면, 과거의 경험과 눈앞의 사물이 어떻게 연결되는지를 이해해야 한다. 즉, 지능이 작용하기 위해서는 기억과 그 기억에 근거한 판단이라는 두 요소가 모두 필요하다.

그 기억과 판단을 관장하는 기관이 대뇌이다. 대뇌는 양손의 주먹을 쥐고 나란히 붙여 놓은 것과 같은 형상을 하고 있으며, 성인의 경우 길이 약 16cm, 너비 14cm, 높이 12cm 정도가 표준 크기이다. 대뇌의 표면에는 수많은 홈이 있고, 홈과 홈 사이를 산등성이처럼 부풀어 오른 부분들이 뻗어 있다. 마치 호두 껍질을 깠을 때 드러나는 호두알의 모양과 비슷하며, 전체적으로는 두부나 푸딩처럼 말랑말랑하고 부드러운 인상을 준다. 이처럼 주름 모양으로 되어 있기 때문에 대뇌의 표면적은 체적에 비해 매우 넓고, 성인의 대뇌 표면은 한 변이 70cm인 정사각형에 해당하는 면적과 거의 같다.

이 대뇌의 표면에서 불과 1~3mm 정도의 얇은 층을 대뇌피질(大腦皮質)이라 부르며, 이 부분에는 신경세포가 빽빽하게 늘어서 있다. 그 아래

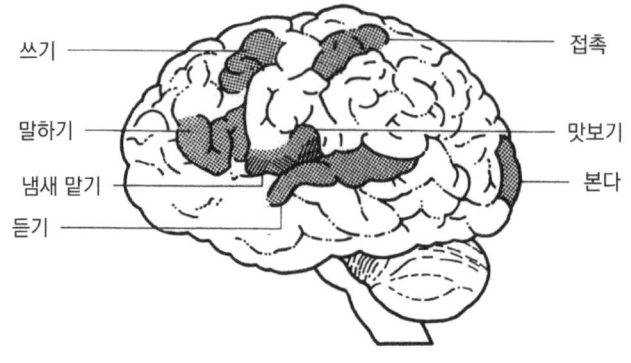

그림 9 | 대뇌의 기능 중추

에는 신경세포에서 나온 신경섬유가 전선 다발처럼 모여 퍼져 있다. 인간이나 동물이 지능을 발휘할 수 있는 것도 이 신경세포가 있기 때문이다. 지능뿐 아니라 앞서 말한 본능이나 반사에 따른 행동, 그리고 보고 듣고 몸을 움직이는 등의 모든 작용 또한 신경세포의 활동에 의해 이루어진다. 이 신경세포의 수는, 인간에게는 한 사람당 150억 개가 있다고 한다.

대뇌피질과 기능의 중추

이처럼 방대한 수의 신경세포가 늘어서 있는 대뇌피질은 〈그림 9〉에서 볼 수 있듯이 부위에 따라 각각 고유한 기능을 담당하는 대뇌의 기능 중추로 구성되어 있다.

이를테면 시각 중추는 후두엽에, 촉각 중추는 두정엽에 있는 식으로, 그 배열은 마치 하나의 지도를 연상시킨다. 대뇌 표면에 있는 장소에 따라 각각이 기능의 중추 부위를 이루고 있다는 사실은 비교적 오래전에 밝혀졌으며, 이는 전쟁터에서 머리를 다친 병사들을 진료하는 과정에서, 기능상실과 뇌 손상 부위 사이의 관련성을 통해 밝혀진 것이다.

〈그림 9〉에서 볼 수 있듯이, 대뇌에는 '기억 중추'나 '판단 중추'와 같이 특정 기능만을 담당하는 중추가 없다. 기억이나 판단과 같은 고차원적인 기능은 앞서 말한 중추처럼 대뇌의 특정 부위에 국한되어 있는 것이 아니라, 대뇌피질 전체에 걸쳐 분포된 연합령(聯合領)이라는 장소로 전달되어 기억되거나, 그것을 바탕으로 판단이 이루어진다. 연합령과 기억, 판단의 메커니즘에 대해서는 뒤에서 설명하기로 하겠다.

시냅스와 신경전달물질

신경세포는 〈그림 10〉에서 볼 수 있듯이, 하나의 세포체로부터 한 가닥의 축색(軸索: 신경섬유를 말한다. 보통 신경이라고 부르는 것)과 수천 가닥의 수상돌기(樹狀突起)가 뻗어 있는 구조를 가지고 있다. 수상돌기는 주위의 다른 신경세포로부터 정보 신호를 받아들이고, 그 정보를 자신의 신경세포로 전달하는 역할을 한다. 반면, 축색은 해당 신경세포에서 생성된 정보를 다른 신경세포로 전달하는 경로가 된다.

신경세포에서 전달되는 정보는 전기신호의 형태로 신경섬유를 따라 전달된다. 따라서 신경섬유는 일종의 전선으로 생각할 수 있다. 이 신경섬유의 한 가닥, 한 가닥이 매우 가늘고, 그 수는 실로 방대하다. 만약 하나의 뇌에 포함된 모든 신경섬유를 한 줄로 펴서 직선으로 이어 붙인다

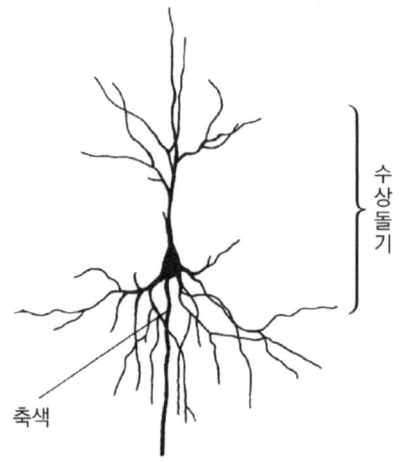

그림 10 | 신경세포의 구조. 중앙에 보이는 검은 덩어리가 세포체이다. 신경흥분은 수상돌기에서 세포체로, 세포체에서 축색(신경섬유)으로 향하는 일반통행의 흐름으로 전달된다.
(출처: 이토, 1987년)

면, 50만km의 길이가 되고, 이는 지구를 열두 바퀴나 도는 거리와 맞먹는다. 신경섬유라는 전선망은 일정한 질서에 따라 뇌 속을 종횡무진으로 얽히고설켜 퍼져 있다.

신경섬유나 수상돌기를 통해 신경신호는 뇌 속을 전달되어 간다. 이러한 과정을 통해 대뇌 안에는 신호가 전달되는 일정한 경로, 즉 회로 모양의 연결망이 점차 형성된다. 이 경로를 신경회로라고 부르며, 이는 마치 본점과 각 지점을 연결하는 전화 회선과도 같다.

신경섬유의 말단이 다른 신경세포의 세포체나 수상돌기와 접하는 부분은 시냅스(synapse: 신경 접합부)라고 불리는 특수한 구조로 되어 있다.

한 사람의 뇌에는 시냅스가 약 500조 개가 있다고 알려져 있다. 시냅스는 신경신호를 전달하거나 차단하는, 일종의 스위치와 같은 역할을 하며, 신호는 시냅스를 통해 일정한 방향으로만 흐르도록 되어 있다. 시냅스는 전기신호가 도달하면 일시적으로 '스위치가 켜지듯' 작동하지만, 자체적으로 전류를 직접 전달하는 기능은 없다. 즉, 신경섬유를 따라 어떤 신호가 도달하면, 그때까지 열려 있던 신경섬유의 종말단과 인접한 신경세포 사이의 틈이 일시적으로 닫히며(스위치가 켜져) 신호가 전달되고, 신호가 전달되고 나면 스위치가 끊어져서 다시 틈이 벌어진다.

이 시냅스의 틈에서 일어나는 것은 일종의 화학적 변화이며, 전류가 시냅스를 거쳐서 다음 신경세포로 직접 전달되는 것은 아니다. 이 점이 매우 중요하다.

〈그림 11〉을 살펴보자.

전자현미경으로 관찰하면, 시냅스의 말단은 마치 버섯의 갓처럼 부풀어 있으며, 그 내부에는 시냅스 소포(小胞)라고 불리는 작은 주머니가 많이 형성되어 있음을 볼 수 있다. 시냅스 소포 속에는 어떤 종류의 화학물질이 저장되어 있으며, 전기신호가 이 부풀어 오른 말단에 도달하면, 이 주머니가 벌어지면서 그 속의 화학물질이 시냅스 틈으로 방출된다. 이 화학물질이 시냅스가 접하고 있는 다른 신경세포와 결합하면, 그 세포체에서 새로운 전기신호가 발생하고, 이 전류는 다시 다음 방향으로 전달된다. 이러한 방식으로 흘러온 전기신호를, 신경섬유에서 인접한 신경세포로 간접적으로 전달하는 역할을 하는 화학물질을 신경전달

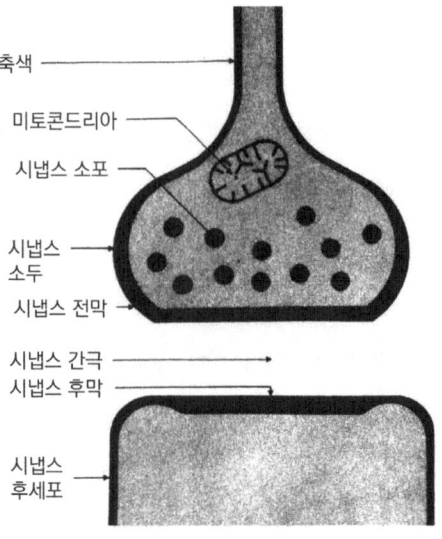

그림 11 | 시냅스 주변을 확대해 나타낸 모식도

물질(神經傳達物質)이라고 한다.

현재까지 알려진 신경전달물질로는 아세틸콜린, 도파민, 노르에피네프린 등이 있다. 앞서 설명했듯이, 전기신호가 신경섬유를 따라 시냅스에 도달하면, 시냅스에서는 신경전달물질이 분비되어 신호가 시냅스를 거쳐 다음 신경세포로 전달된다. 그러나 신호가 전달된 직후에는 마치 스위치가 꺼지듯 즉시 전달이 멈추어야 한다.

이를 위해서는 신경전달물질이 제 역할을 마친 직후 곧바로 파괴되고 접합부의 틈새에서 신속히 제거되어야 한다. 그러고는 다음 신호 전달에 대비해 시냅스 소포 안에 신경전달물질을 미리 보충해 둘 필요가 있다. 이렇듯 시냅스는 이러한 화학적 처리 과정을 끊임없이 계속하고 있는 것이다.

위에서 살펴보았듯이 시냅스는 뇌 속에서 신경세포가 수상돌기나 축색이라는 전선을 통해서 신경회로를 형성해 나가는 과정에서 접합 지점의 연결고리로 작용하는 매우 중요한 구조이다.

지능의 생리학적 기초

신경회로 속의 신경세포와 다른 신경세포가 접속하는 지점인 시냅스에 어떤 종류의 변화가 일어남으로써 사물이 기억된다고 한다.

이를테면 "아침에 빵을 먹었다"와 같은 단기 기억은 신호가 신경회로를 따라 전달되는 과정에서 시냅스에서 방출되는 신경전달물질의 양이 변함으로써 이루어진다. 그에 따라 신호가 시냅스를 더 쉽게 통과하거나, 반대로 더 어렵게 통과하게 되어, 정보가 일시적으로 뇌에 저장되는 것이다.

한편 "젊었을 때 서울에서 살고 있었는데, 그 무렵의 백화점 여직원은……"이라든가, "우리 반 담임선생님은 A선생님이셨다"와 같은 장기 기억은 시냅스의 형태에 변화가 일어남으로써 장기적으로 정보가 저장되는 것으로 여겨진다. 즉, 새로운 시냅스가 형성되거나, 기존에 이미 형성되어 있던 시냅스의 구조에 변화가 일어나는 것이 장기 기억의 생리학적 기초라는 것이다.

지능이 작용한다는 것은, 이를테면 본다, 듣는다와 같은 자극을 대뇌의 각 중추(이 경우는 후두엽과 두정엽)에서 지각하고 인식하는 과정을 포함한다. 이러한 인식, 곧 판단 행위는 대뇌피질의 넓은 영역이 관여하며, 이 넓은 영역을 연합령이라고 부른다.

연합령이란 정확히 말해 운동령(運動領), 체성감각령(體性感覺領), 시각령(視覺領), 청각령(聽覺領)이라는 네 개의 주요 기능 영역을 제외한, 대뇌의 새로운 피질(新皮質)을 말한다. 대뇌 표면의 위치로 보면, 〈그림 12〉에서 볼 수 있듯이 연합령은 다섯 영역으로 나뉜다. 즉, 전두엽의 앞쪽의 전두전령(前頭前領, 또는 전두연합령), 운동연합령, 두정연합령, 시각전령(또는 후두연합령), 측두연합령이 그것이며, 각각은 고유한 기능을 지니고 있다.

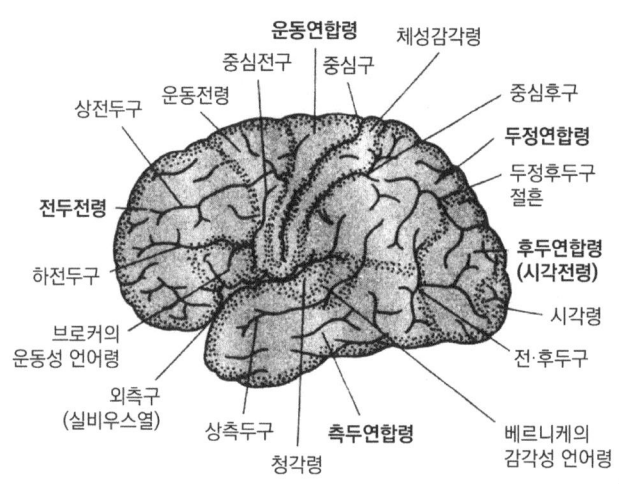

그림 12 | 연합령

어떤 자극을 받고 나서 그것을 세밀하게 분석하는 신경세포는 측두연합령에 있다고 알려져 있다. 이 측두연합령에서 처리된 정보는 전두연합령으로 보내지고, 특히 전두전령이라고 불리는 영역으로 전달되어, 궁극적으로 행동과 연결된 의사결정으로 이어진다. 이처럼 판단 작용에는 측두연합령에서 전두전령에 이르는 신경회로(신경의 배선회로)가 중요한 기능을 하고 있다.

이상에서 살펴본 것처럼, 지능이 작용하기 위해서는 신경회로의 활동, 그중에서도 시냅스의 역할이 매우 중요하다는 사실을 알 수 있다. 이제 여러분은 지능의 대뇌생리학적 뒷받침이 조금은 되었는지 모르겠다. 아마 이 정도의 설명만으로는 쉽게 이해되지 않을 수도 있다. 그래서 좀 더 이해하기 쉽게, 먼저 점(點) 정보와 전체상(全體像)과의 관계, 다음에는 컴퓨터의 구조와 대뇌의 구조를 비교함으로써 이 문제를 생각해 보기로 하자.

점의 정보와 전체상

신경신호가 시냅스를 통과할 때 발생하는 전류의 세기는 항상 일정하다. 즉 전기가 발생했느냐, 없어졌느냐에 따라 신호가 전달되는 것이다. 바꿔 말하면 전류신호는 1이나 0이라는 두 가지로만 구성된 단순한 것에 지나지 않는다. 이처럼 단순한 신호가 신경회로를 따라 전달될 뿐인데, 어째서 인간과 같은 복잡한 기억이나 고도의 판단이 가능할까? 확실히 이러한 메커니즘은 우리의 일상생활에서 느끼는 실감만으로는 쉽게 이해하기 어려운 일이다.

그러나 신문에 실린 사진을 잘 살펴보자. 선명해 보이는 사진도 아주 크게 확대하면 검은 점과 흰 점의 집합에 불과하다는 것을 알 수 있다. 사진 속 영상의 미묘한 농담도, 검은 점과 흰 점의 비율 차이만으로 간단히 표현된다. 즉, 복잡한 영상도 분해하면 점 단위의 1(검은 점)이나 0(흰 점)으로 이루어진 것이 된다. 다만 그 표현을 위해 수만, 수십만 개의 점이 필요할 뿐이다.

인간의 시냅스도 하나의 뇌에 약 500조 개나 있으므로, 1과 0의 조합에 따라 여러 가지 기억이 거의 무수히 축적될 것이다. 판단도 연합령에서 이들 기억을 처리함으로써 가능해지는 것이라고 생각된다. 단순한 흰 점과 검은 점이라 하더라도, 일정량 이상 모이면 원래의 개별 점에서는 상상조차 할 수 없는 전체상을 떠올리게 만든다. 컬러 TV에서 영상이 움직이는 것도 원리적으로는 신문사진과 다를 바가 없다.

양(量)이라는 것은, 일정 수준 이상의 충분한 크기에 도달하면, 질(質)의 변화를 가져다준다고 말할 수 있다.

한편, 만일 '기억물질'이라고 불리는 것이 있어서 외계의 사물과 1:1로 대응하는 물질이 뇌 속에 저장된다고 한다면(이쪽이 우리에게는 더 실감나고 이해하기 쉬울 것이다), 기억을 순간적으로 끌어낼 수 있는 현상은 어떻게 설명할 수 있을까? 또한 사물과 사물을 관련지어 이루어지는 판단이 뇌 속의 정지된 물질 사이에서 가능하리라고는 도저히 생각할 수 없다. 신경 배선이 대뇌 속에 둘러쳐져 있고, 그곳을 신호전류가 달려간다.

일정한 신경 경로가 시냅스의 변화로 전달되기 쉬워진다. 이러한 메커니즘에 의해 기억이나 판단이 가능해진다는 설명은 앞서의 고찰을 바탕으로 볼 때도 합리적인 것으로 여겨진다.

유사점과 차이점

컴퓨터의 신호도 1과 0, 두 가지 상태뿐이다. 컴퓨터에서 이루어지는 기억과 계산은 1과 0을 조합해서 실시된다. 이 기계의 기능은 프로그램이라는 철저한 규칙과 절차에 따라 수행되며, 그 범위를 벗어나는 일 없이 작동한다. 각각의 기억은 기억장치의 일정한 보관 상자에 저장되어 있다.

한편 뇌는 기억을 대뇌 전체로 분산시켜 저장하고 있으며, 컴퓨터처럼 국부적으로 특정 부위에 저장하는 방식은 아니다. 그 증거로 뇌의 일부가 손상되더라도 특정한 기억 일부만이 선택적으로 상실되는 현상은 거의 일어나지 않는다. 이처럼 뇌는 기억을 국부적으로 저장하지 않기 때문에, 아이디어와 같은 인간에게만 나타나는 독창적인 사고가 가능하다. 컴퓨터에는 창조적인 능력이나 직감력이 없다. 즉 창조력이나 직감은 논리의 비약이나 생략을 통해 가능해지는 것으로, 이는 뇌 속의 일정한 장소에만 존재하는 것이 아니라, 여러 곳에 분산되어 여러 겹으로 저장하고 있는 정보(기억)의 상호작용에 의해 생성된다. 컴퓨터는 괴력을 지니고 있기는 하지만, 우직한 거인처럼 인간의 대뇌가 내리는 명령을 받지 않으면 스스로 활동할 수 없는 하인이라고 할 수 있다.

뇌의 크기, 형태와 지능   2

뇌가 커진다는 것

갓난아기는 신장에 비해 머리 부분이 크다. 하지만 성장함에 따라 머리와 몸 전체의 균형이 맞춰지고, 소년·소녀가 되면 대체로 8등신 정도가 된다. 한편, 머리 자체도 성장과 함께 커진다. 그러나 앞에서 말했듯이 인간의 신경세포 수는 약 150억 개로, 나이가 들고 머리가 커진다고 해서 신경세포의 수가 늘어나는 것은 아니다.

머리가 나이가 들수록 커진다는 것은, 일반적으로 그 내부의 뇌도 함께 커진다는 뜻이다. 그러나 뇌가 커진다고 해서 신경세포 수가 증가해 전체 부피가 커지는 것은 아니다. 그렇다면 무엇이 늘어난 것일까?

아이가 성장함에 따라, 그에 상응하여 신경세포와 신경세포를 연결하는 신경섬유가 굵어지고(수초 형성: 髓鞘形成), 동시에 길이도 늘어나는 것으로 생각된다. 즉, 신경세포의 수나 세포 본체가 증가하는 것이 아니라 신경섬유가 차지하는 부피가 늘어남으로써 뇌, 곧 머리가 커지는 것이다.

한편, 신경세포가 뇌 기능을 발휘하는 주역이라는 점에는 틀림이 없으나, 뇌 속에는 신경세포 수의 3배에 달하는 다른 종류의 세포가 존재한다. 이것이 바로 글리아(glia)세포라 불리는 세포이다. 글리아세포는 신경세포가 원활하게 활동할 수 있도록 협력하는 조력자 역할을 한다.

구조적으로는 뇌조직의 기둥과 같은 구실을 하며, 기능적으로는 뇌에 영양분을 공급하거나 노폐물을 운반하는 역할을 담당하고 있다. 즉, 글리아세포는 뇌의 주역인 신경세포를 지원하는 보급부대라고 말할 수 있을 것이다. 신경세포는 출생 이후에는 증식하지 않지만, 글리아세포는 성장하면서 계속 증식한다. 아이가 성장함에 따라 뇌가 커지는 것은 신경섬유의 발달과 함께 글리아세포의 증식에 의한 것이다.

뇌의 크기와 지능

예로부터 "머리가 좋은 사람은 머리가 크다"라든지, "이마가 넓은 사람은 두뇌가 우수하다"라는 말이 전해 내려온다. 그렇다면 과연 뇌의 크기와 지능 사이에는 실제로 관계가 있는 것일까?

물론 이와는 반대로 소두증(小頭症)이라는 질환을 가진 심신 장애 아동이 있는데, 이와 같은 아이들은 예외 없이 지능 발달이 늦다. 그러나 한편 거뇌증(巨腦症)이라 불리는 지능 지진아도 있으므로 단순히 머리가 크다고 해서 지능이 높은 것은 아니다.

그런데 여기서 지금 문제로 삼고 있는 것은 그런 질환을 가진 사람들의 경우가 아니라, 일반적인 사람들 사이에서 흔히 말하듯이 뇌의 크기와 지능에 과연 어떤 관련이 있는가 하는 점이다.

일반적으로 뇌의 크기는 그 무게에 비례한다. 일본인의 경우, 성인 뇌의 평균 무게는 남성이 약 1,460g, 여성이 약 1,230g 정도라고 한다.

일본의 유명한 문학가 나쓰메 소세키(夏目漱石)는 유난히 뇌 무게가 무거웠던 것으로 알려져 있다. 반면, 일본을 대표하는 지성으로 일컬어지는 노벨 물리학상 수상자 유카와(湯川) 박사는 일본 남성 평균보다 약 100g 가벼운 뇌를 지녔다고 한다.

서양에서도 I. 투르게네프나 G. 바이런과 같은 작가는 뇌가 매우 무거운 편이었지만, 그들과 비교해도 전혀 손색없는 지능의 소유자로 평가받는 프랑스의 노벨 문학상 수상자 아나톨 프랑스는 투르게네프나 바이런의 절반 정도밖에 안 되는 뇌 무게를 가졌던 것으로 전해진다.

이처럼 유명인의 뇌가 해부된 몇 가지 사례를 들어본다 한들, 그 수가 워낙 적기 때문에 '뇌의 크기와 지능'의 관계라는 주제에 대한 명확한 결론을 내리기에는 어렵다. 그러나 유카와 박사나 아나톨 프랑스의 사례에서 알 수 있듯이, 뇌의 무게가 가볍다고 해서 반드시 지능이 낮다고 단정할 수는 없다.

첫째, 이와 같은 조사에서 중요한 점은, 노인의 경우 젊었을 때와 비교해 같은 뇌 하더라도 자연적인 위축이 일어나 무게가 줄어든다는 사실을 고려해야 한다는 점이다. 따라서 노인이 된 후 측정한 뇌가 가볍다고 해서 그 사람의 생애 전반에 걸친 지능 활동과의 관계를 직선적으로 논하는 것은 잘못을 범할 우려가 있다.

더 많은 인원을 대상으로 머리둘레의 길이와 지능의 관계를 조사한 결과에서도, 통계적으로 의미가 있을 만한 관련성은 인정되지 않았다고 한다.

뇌가 무겁든 가볍든, 즉 크든 작든 간에 인간의 뇌에 존재하는 신경세포 수는 거의 일정하며, 사람에 따라 큰 차이가 없는 것으로 여겨진다. 지능의 높고 낮음은 신경세포의 수에 의해 결정되는 것이 아니라 그 질에 따라 좌우된다고 보는 것이 타당할 것이다.

뇌의 내부 형태와 지능

제2절 서두에서 뇌의 크기나 무게는 그것을 담고 있는 그릇, 즉 머리의 크기에 비례한다고 언급한 바 있다. 그러나 이는 어디까지나 대략적인 추정일 뿐이며, 더 중요한 것은 뇌의 내부 구조가 어떻게 구성되어 있느냐는 점이다. 뇌의 구조에 따라 뇌의 실제 용적과 머리 크기 사이의 관계도 달라질 수 있다.

이전에는 살아 있는 인간의 머릿속에 있는 뇌의 형태를 정확히 알아보는 것이 매우 어려웠다. 그러나 현재는 뢴트겐선을 여러 방향에서 머리에 쬐고, 거기를 통과해 오는 선량(線量)을 컴퓨터로 처리함으로써, 내부 구조를 수평 방향의 고리 모양으로 절단한 것처럼 직접 눈으로 본 듯 선명하게 확인할 수 있게 되었다. 이러한 기술은 CT(컴퓨터 단층 촬영)검사라고 불리며, 오늘날 의료 현장에서 활발히 활용되고 있다. 또한 머리 부분에만 국한되지 않고 전신의 내부 구조를 파악하는 데에도 효과를 발휘하고 있다.

〈그림 13〉은 두 살짜리 아이의 두부 CT 사진이다.

맨 바깥 둘레에 보이는 흰 띠 모양의 두께를 가진 원호(円弧)는 두개골이다. 이 그림의 위쪽은 얼굴 쪽이고 아래쪽은 후두부이다. 이 사진은

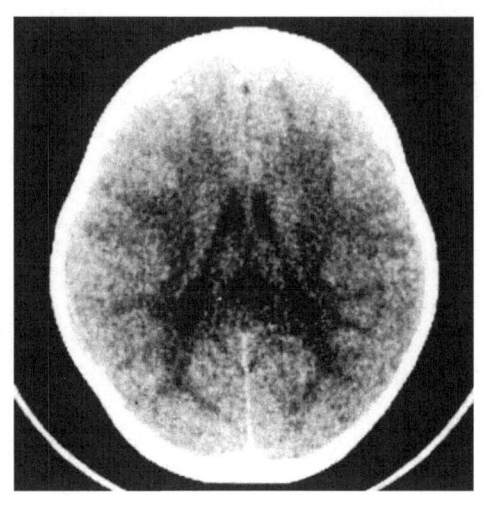

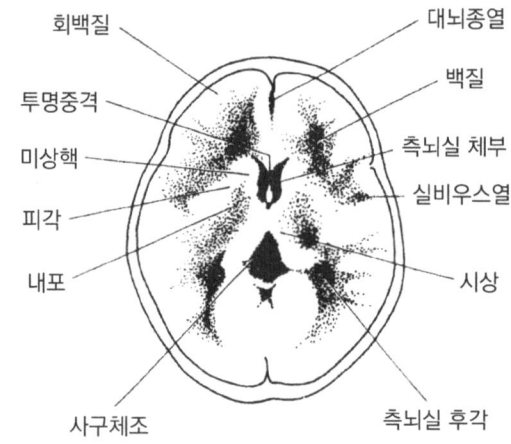

그림 13 | 정상적인 두부 CT. 뇌실의 크기가 적절하며 좌우 대칭을 이룬다. 뇌실질과 두개골(주위의 흰 테두리) 사이에도 틈새가 보이지 않는다(출처: 안도, 1987년).

머리 부분을 고리 모양으로 거의 수평 방향으로 절단한 모습이다. 이처럼 코나 귀의 위치에 해당하는 두개저(頭蓋低)에서부터 머리 꼭대기까지 평행하게 고리 모양으로 절단한 사진을 여러 장 촬영한다.

〈그림 13〉에서 중앙에 좌우 대칭으로 늘어선 검은 섬 모양의 구조는 뇌실(腦室)이라 하며, 그 속에는 뇌척수액(腦脊髓液)이라 불리는 액체가 차 있으며, 이 액은 외부로 천천히 흘러나가고 있다. 뇌실 주위의 회색으로 보이는 넓은 부분은 대뇌의 실질(實質)이다. 그중 두개골에 접한 부위는 신경세포가 밀집된 회백질(灰白質)이라 불리며, 그보다 안쪽에 위치한 더 넓은 부위는 신경세포의 돌기인 신경섬유가 모여 있는 백질(白質)로 구성되어 있다.

이 CT 사진은 뇌실의 크기가 적절하고, 뇌실과 백질의 미세 구조도 좌우 대칭을 이루고 있으며, 회백질도 두개골에 밀착되어 두드러진 틈새가 보이지 않으므로 정상적인 두부 CT로 진단된다. 이와 같은 정상적인 CT 영상은 건강한 사람에게서 흔히 관찰되며, 지능 또한 정상 범위에 속하는 경우가 많다. 실제로 이 아이는 네 살 때 시행한 지능검사에서 지능지수는 100이었다.

그러나 지능 발달이 심하게 느린 아이라도 이와 같은 정상적인 두부 CT 소견을 보이는 경우가 드물지 않다. 따라서 두부 CT 영상만으로는 지능에 문제가 없다고 단정할 수는 없다.

〈그림 14〉는 네 살짜리 아이의 두부 CT이다. 이 사진의 특징은 뇌실이 비정상적으로 크게 확대되어 있다는 점이다. 그로 인해 뇌실질이 압

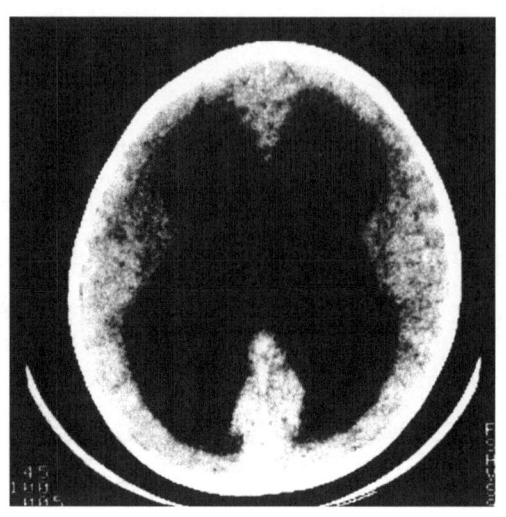

그림 14 | 수두증의 CT. 두드러지게 확대된 뇌실(중앙 좌우의 검은 부분)과 그 압박으로 인해 얇아진 뇌실질(그 바깥쪽의 회색 부분)이 보인다.

박을 받아 얇아진 상태이다. 이러한 소견을 바탕으로 이 아이는 수두증(水頭症)으로 진단되었다. 뇌실이 이처럼 심하게 확장된 것은 뇌척수액의 유출이 방해되기 때문이며, 이 아이의 경우에는 그 원인이 뇌종양이다. 비록 뇌실질이 매우 얇아져 있기는 하지만, 뇌실질의 두께와 수두증 아이의 지능 사이에는 반드시 상관관계가 있다고는 할 수 없다. 실제로 이 아이의 지능지수는 70으로, 뇌 구조 손상이 심한 것에 비해 지능은 의외로 낮지 않음을 알 수 있다.

〈그림 15〉는 열세 살짜리 아이의 두부 CT이다. 이 사진의 주요 특징은 전두부와 측두부(이 사진에서는 위쪽과 좌우의 옆 부분) 양쪽의 뇌실질과

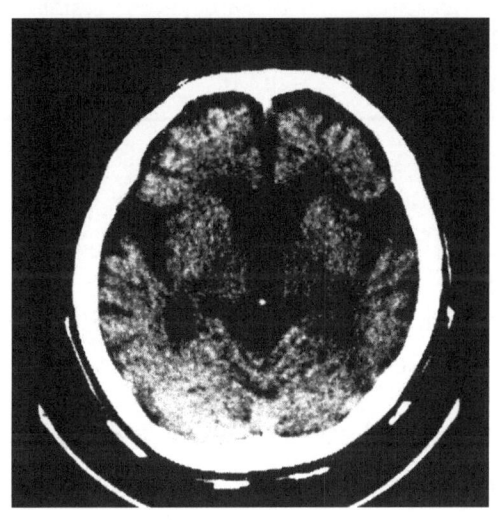

그림 15 | 뇌위축의 CT. 양쪽 전두부(사진 위쪽)로부터 측두부, 실비우스열에 걸쳐서 거미막 하강의 확대(두개골과 뇌실질 사이의 들쭉날쭉한 검은 틈새)와 뇌실의 확장을 볼 수 있다 (출처: 안도, 1987년).

두개골 사이에 넓고 톱니 모양의 틈새(검게 나타남)가 관찰된다는 점이다. 이는 좌우의 대뇌반구(大腦半球)의 전두엽과 측두엽의 위축이 일어나고 있음을 시사한다.

〈그림 14〉에서 설명한 뇌실의 확대만 있는 경우와는 달리, 신경세포가 분포하는 대뇌의 회백질(뇌의 표면에 가까운 곳)의 위축은 심한 지능장애를 일으킨다. 이 예에서는 지능지수가 12로 가장 지능 발달이 느린 중증이었다.

뇌파로 지능을
측정할 수 있는가?   3

뇌파란?

뇌가 전기를 방출하고 있다는 사실을 처음으로 발견한 사람은 영국의 캔턴(Canton)이며, 이는 지금으로부터 약 100여 년 전의 일이었다. 그는 토끼와 원숭이의 대뇌 표면에 전극침을 꽂아 직류전류가 발생하고 있음을 발견했다. 이러한 전기적 활동이 뇌 기능의 한 단면일 것이라고 생각했다.

한편, 인간의 뇌에서 일어나는 전기활동을 최초로 정확히 기록하고 발표한 사람은 캔턴의 발견으로부터 약 50여 년이 지난 1929년, 독일 예나 대학교의 정신과 교수였던 한스 베르거(H. Berger)였다. 그도 두개골이 결손된 환자의 대뇌 표면에 전극을 직접 삽입해 뇌의 전기활동을 확인했다. 이후 베르거는 뇌의 전기활동은 대뇌에 직접 전극을 삽입하지 않더라도, 두피(頭皮) 위에 전극을 부착하는 것만으로도 동일하게 기록할 수 있음을 발견했다. 이 전기 신호에 '뇌파(腦波)'라는 이름을 붙인 것도 바로 그였다.

그런데 당시, 베르거의 뇌파에 관한 보고는 "정말로 뇌의 활동전위(電位)를 측정한 것인지 의심스럽다" "장치에서 나오는 잡음이나 공중전파를 잡은 것이 아니냐"는 등의 이유로 신경생리학자들로부터 비판적인

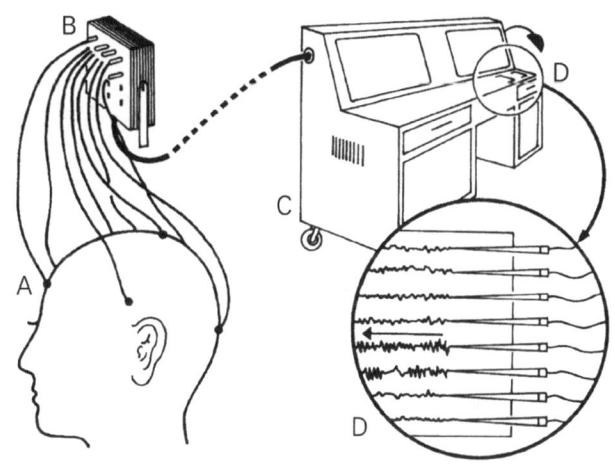

그림 16 | 뇌파의 기록 방법. A는 두부에 부착한 전극, B는 전극 상자, C는 뇌파계, D는 기록기와 그 확대도이다. D에서는 펜을 이용해 뇌파가 기록되는 모습이 나타나 있다.
(출처: 오구마, 1983년)

평가를 받았다. 그러나 영국의 생리학자 E. 아드리안(E. Adrian) 등이 베르거의 실험을 추적한 결과, 그가 측정한 신호가 실제로 뇌의 활동전위임이 입증되었고, 이에 따라 베르거의 주장은 결국 세계적으로 학문적 승인을 받게 되었다.

뇌파는 오늘날 뇌의 임상검사에서 대표적인 수단 중 하나로 병원이나 진료소에서 널리 활용되고 있다. 원래 뇌의 활동전위는 매우 미약하기 때문에, 이를 기록하기 위해서는 100만 배 이상으로 증폭할 필요가 있다.

따라서 〈그림 16〉에서 보이듯, 두피 위에 부착한 전극에서 나오는 신호는 전선을 통해 증폭기로 전달되며, 그 증폭된 전기는 갈바노미터(검류계)의 지침 진동으로 변환되고, 이는 다시 기록 펜의 움직임으로 바뀌어 기록지 위에 파형으로 나타나게 된다. 전극은 보통 머리의 약 20개 부위에 부착되며, 임상검사에서는 뇌병변이 어느 부위에 있는지를 확인할 수 있다.

뇌파는 정상인의 경우에도 갓난아기 시기부터 점차 성인에 이르기까지 변화한다. 이처럼 인간의 발달에 따라 뇌파도 변화하는 것이 사실이지만, 정신 기능이나 지능 발달의 생리학적 뒷받침으로서, 뇌파만으로 정신의 성숙도를 설명할 수 있을 정도로 연구가 진전된 단계는 아직 아니다. 이 분야는 지능 활동의 대뇌생리학적 기초를 밝히기 위한 연구 영역으로, 앞으로의 발전이 기대되는 분야이다.

뇌파로 무엇을 알 수 있는가?

뇌파는 뇌의 활동 중 전기적 측면을 측정하기 위한 검사 방법이다. 뇌에 대한 검사는 그 목적에 따라 여러 방식으로 나뉘는데, 앞서 설명했듯이 형태적 이상을 확인하는 데에는 CT 검사가 대표적이다. 또한 외부로 나타나는 뇌 기능에 대해서는 심리검사가 사용되며, 특히 지능은 지능검사를 통해 측정되고, 성격에 대해서는 다양한 투사법을 통해 평가한다. 예를 들어 좌우 대칭인 잉크의 얼룩을 보고 연상하도록 하는 로르샤흐 테스트(Rorschach test), 그림 속 등장인물의 상황을 설명하게 하는

TAT(주제통각검사) 등이 이에 해당한다. 또한 행동 측면에 대해서는 검사실 내에서의 행동 관찰이나 일상생활 속에서의 관계자의 진술도 중요한 자료가 된다.

한편, 개인의 내면 세계는 정신과 의사의 면담이나, 심리치료 전문가에 의한 정신분석으로 밝혀내고 있다. 이것들도 넓은 의미에서 뇌의 기능을 관찰하고 있는 것이다.

그러므로 뇌파는 뇌 기능에 대한 여러 가지 직접적·간접적인 검사 방법 중 하나에 지나지 않는다는 사실을 기억할 필요가 있다. 필자가 전문으로 하는 소아정신과 진료 현장에서는, 종종 어머니들로부터 "뇌파로 아이의 지능을 알 수는 없나요"라는 질문을 받곤 한다. 하지만 앞에서 말했듯이 지능을 직접적으로 측정하는 수단은 지능검사이며, 뇌파검사는 아니다. 그러나 지능의 작용을 담당하는 장기(臟器)가 대뇌인 이상, 대뇌의 전기적 활동을 측정하는 뇌파는 지능의 기반 중 일부를 포착하고 있다고 볼 수 있다.

즉 뇌파는 인간의 지능을 직접적으로 측정하는 도구는 아니지만, 뇌의 생리학적 기능과 지능 활동의 관계를 탐구해 나가는 하나의 중요한 수단이라 할 수 있다. 앞서 CT 검사에 대해 언급했듯이, 영상에서 정상 소견이 나타난다고 해서 지능이 반드시 정상이라고 단언할 수는 없다. 특정한 병리적 CT 소견이 나타나고 있다면 지능에 심각한 장애가 있을 수 있다고 판단할 수 있다는 점을 언급한 바 있다.

뇌파도 마찬가지로, 정상 뇌파가 기록되었다고 해서 그 사람의 지능지수가 어느 정도인지는 물론, 지능이 정상인지 아닌지를 판단할 수는 없다. 그러나 병리적 뇌파 소견이 확인될 경우, 그에 따라 지능장애의 정도를 상당한 정확도로 추정할 수 있다. 또한 특정 질환을 가진 영아의 뇌파를 측정함으로써, 앞으로 지능장애가 발생할 가능성을 예측할 수 있을 정도로, 현대 의학은 상당한 수준으로 발전해 있다.

뇌파와 지능 관계에 대한 개략적인 설명은 이상과 같지만, 구체적인 이야기는 뒤에서 뇌파 사례를 제시하면서 설명하고자 한다.

오늘날 뇌파가 임상 진료에서 가장 효과적으로 활용되고 있는 분야는 간질병 검사이다. 간질의 유형 분류, 치료 방법의 결정, 치료 효과의 판정, 경과 추적 등을 목적으로 현재 대부분의 병원에서는 내과, 소아과, 신경외과, 정신과 등 다양한 진료과에서 뇌파 검사를 실시하고 있다.

뇌파와 의식, 수면

뇌파는 의식 상태나 지능 활동의 일부 측면을 비교적 잘 반영해 준다. 〈그림 17〉은 열한 살짜리 소년이 깨어 있을 때 측정한 뇌파를 보여준다. 그림에는 여러 가닥의 곡선이 그려져 있는데, 이는 두피의 각 부위에 부착된 전극을 통해 유도된 뇌파 신호이다. 곡선은 위에서부터 아래로 전두부, 두정부, 측두부, 후두부 순으로 나열되어 있으며, 각 부위에서 동시에 측정된 뇌파가 나란히 기록된 형태이다.

이 그림의 뇌파 기록에서 전반부는 눈을 뜨고 깨어 있는 상태에서 측정된 것이다. 불규칙한 파동을 볼 수 있다. 이후 소년에게 "눈을 감아라"

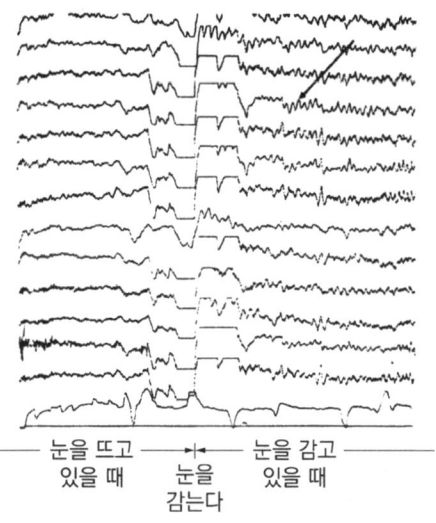

그림 17 | 깨어 있을 때, 눈을 뜬 상태와 감은 상태에서 나타나는 뇌파의 변화를 보여준다. 눈을 감고 있을 때는 알파파(화살표)가 나타난다.

는 지시를 내리면, 그에 따른 얼굴의 움직임으로 인해 뇌파가 일시적으로 크게 흔들리지만, 곧 전반부의 뇌파와는 다른 규칙적인 사인커브의 뇌파가 특히 두정부나 후두부에서 나타난다. 이러한 깨끗하고 일정한 파동을 알파파(α파)라고 하며, 1초에 8~13회 진동하는 주파수를 가진다. 알파파는 뇌파의 기본적인 파동 중 하나로 간주된다.

α파는 이처럼 눈을 감고 조용히 깨어 있는 안정된 상태에서 관찰되는 뇌파이다. 하지만 눈을 감고 있더라도 주변에서 소리를 들려주거나, 암산과 같은 과제를 지시하면 이 파는 즉시 사라지고 더 미세한 베타파

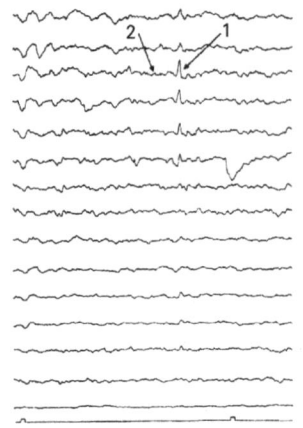

그림 18 | 가벼운 수면 중의 뇌파. 함프 (화살표 1)와 베타파(화살표 2)가 보인다.

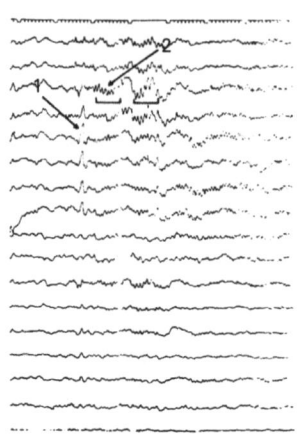

그림 19 | 수면 혼합기의 뇌파. 함프(화살표 1)와 방추파(화살표 2)가 혼합되어 있다. 가벼운 수면과 중등도 수면의 중간 상태이다.

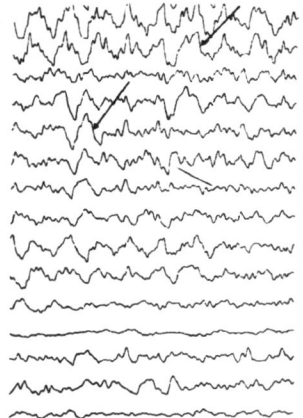

그림 20 | 중등도 수면기의 뇌파. 고진폭 서파(화살표)가 나타난다. 그러나 그 비율은 전체의 50퍼센트 이하이다.

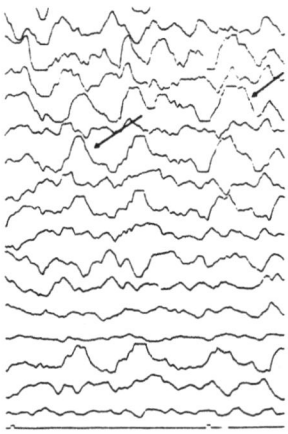

그림 21 | 깊은 수면기의 뇌파. 고진폭 서파(화살표)가 많아졌다. 그 비율은 전체의 50퍼센트 이상이다.

(β파)(주파수는 14~25)가 나타난다. 즉, 눈을 감고 깨어 있는 상태의 뇌파라도, 신체가 안정되어 있는지, 또는 뇌가 활동 중인지에 따라 주파수는 달라지게 된다.

〈그림 18〉은 일곱 살 어린이가 막 잠들기 시작하며 졸고 있는 시기의 뇌파를 보여준다. 앞서 눈을 감고 안정된 상태에서 나타났던 특징적인 α파는 사라지고, 그 대신 더 미세한 β파를 볼 수 있게 된다. 또한 높이가 크고 폭이 넓은 고깔모자 모양의 함프라는 파동도 나타나기 시작했다. 이 뇌파의 변화만으로도 이 아이가 얕은 수면 상태에 진입하고 있음을 확인할 수 있다.

〈그림 19〉는 같은 아이가 이전보다 더 깊은 수면 단계에 들어갔을 때의 뇌파를 보여준다. 이 시기에는 앞서 나타났던 고깔모자의 함프 외에도 α파보다 더 미세한(14 정도의 주파수) 방추파(spindle, 紡錘波)라고 불리는 보다 미세한 파동이 새롭게 관찰된다. 방추파는 중앙이 굵고 양 끝으로 갈수록 가늘어지는 방추형으로 되어 있는 뇌파군이다. 이 시기의 수면 뇌파에는 함프와 방추파가 함께 섞여 나타나기 때문에 이를 혼합기 수면 뇌파라고 부른다.

〈그림 20〉은 앞의 그림보다 수면이 더 깊어진 상태에서 기록된 뇌파이다. 높고 폭이 매우 넓은 파동, 즉 고진폭 서파(高振幅 徐波)가 나타나 있다. 이러한 파동으로부터 수면이 꽤 깊어졌음을 알 수 있다. 다만 이 시점에서는 고진폭 서파(느린 파동)의 출현 비율이 뇌파 전체의 50퍼센트 이하이며, 이러한 수면 단계를 중등도 수면기라고 부른다.

〈그림 21〉은 수면이 가장 깊어진 시기의 뇌파이다. 이 시기의 뇌파는 고진폭 서파를 뇌파 전체의 50퍼센트 이상에서 볼 수 있다.

뇌파와 지능

지능이 정상인 아이의 뇌파는 〈그림 17〉에서 보았듯이 눈을 감고 안정된 상태일 때 깨끗한 α파를 볼 수 있다.

한편, 지능이 경도 또는 중등도로 저하된 아이의 경우, 뇌파 자체에서 연령에 수반되는 발달지체를 볼 수 있다. 즉 전반적으로 α파의 발달이 나쁘고, 실제 연령에 비해 느린 파동(서파)이 두드러지며, 높이가 낮고

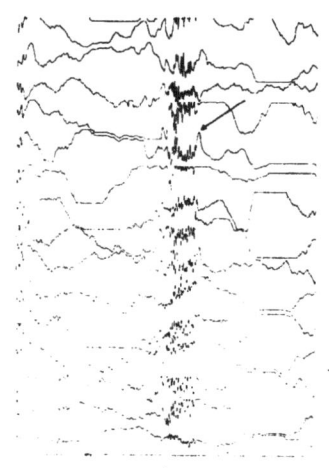

그림 22 | 렌녹스 증후군 아이의 수면 중 뇌파. 금속 율동(화살표)이 관찰된다.

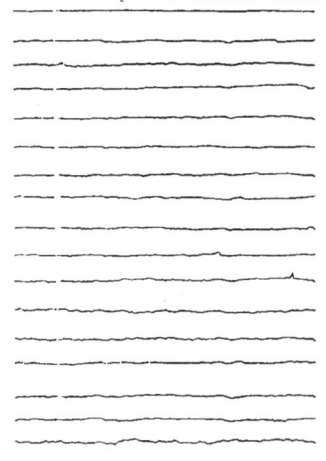

그림 23 | 평탄 뇌파. 깨어 있는지 수면 중인지를 판별할 수 없다.

1초당 4~7회 주기를 가지는 세타파(θ파)가 꽤 늦은 시기까지 남아 있는 것이 보인다. 그러나 이처럼 깨어 있을 때의 뇌파는 지능이 정상인지, 또는 장애가 있는지에 따라 차이를 보이지만, 잠이 들면 지능 수준과 상관없이 같은 수면 뇌파가 나타난다.

이것으로부터도 지능의 발휘는 의식상태와 밀접한 관계가 있음을 알 수 있다. 또한 중등도의 지능장애 아동에서는 전반적으로 서파의 출현 경향은 적은 반면, 뇌의 기질적(器質的) 장애를 가리키는 국소성 서파(局所性徐波), 미세한 파동(빠른 파동), 좌우가 대칭이 아니거나, 돌발성인 서파를 흔히 볼 수 있다.

〈그림 22〉는 간질병의 발작을 볼 수 있을 뿐만 아니라, 차츰 진행하는 지능장애도 함께 나타나는 렌녹스 증후군을 앓고 있는 열 살 아동의 수면 중 뇌파이다. 뇌파의 배경은 〈그림 21〉에서 설명한 것처럼 크게 흔들리는 파동을 보이며, 이를 통해 깊은 수면 상태에 있음을 알 수 있다. 이 뇌파 중에는, 라피드 리듬(급속 율동)이라 불리는 높고 뾰족한 빠른 파동군이 갑자기 발생하는 것을 볼 수 있다. 이러한 라피드 리듬은 렌녹스 증후군 아이에게서 나타나는 강직발작(强直發作), 즉 몸이 갑자기 뻣뻣하게 굳는 발작에서 특징적으로 나타나는 뇌파이다. 이 파동이 관찰된다는 것은 간질병 아이 중에서도 발작이 매우 조절되기 어려우며, 심한 지능장애를 동반하고 있음을 뇌파상에서도 확인할 수 있다는 의미이다.

〈그림 23〉은 두 살짜리 아이의 뇌에서 전기활동이 있는지조차 분간하기 어려울 정도로 평탄한 뇌파를 보여주며, 지금까지 살펴본 다른 뇌

파의 예와는 전혀 다른 양상을 보인다. 이와 같이 뇌파가 평탄화된 경우는, 매우 심한 뇌 장애를 동반한, 증상이 가장 무거운 지능장애 아동에게서 관찰된다. 이처럼 극도로 평탄화된 뇌파에서는, 아이의 상태가 수면 중인지, 깨어 있는지를 뇌파만으로는 판단할 수 없다.

지능과 우뇌, 좌뇌   4

장기의 좌우 대칭성과 뇌

인간의 장기 중에는 허파, 신장, 고환, 난소처럼 좌우에 하나씩 나란히 존재하는 쌍을 이루는 기관들이 있다. 이러한 한 쌍을 이루는 장기들은 좌우가 모두 동일한 기능을 수행하며, 일반적으로 기능상의 차이는 없다. 그러나 같은 좌우쌍이라 하더라도 손의 경우는 다르다. 평소에도 한

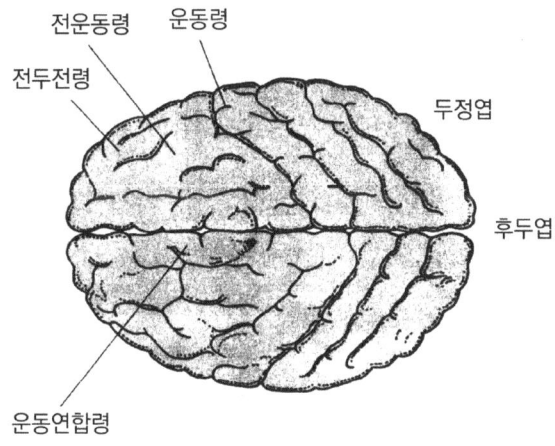

그림 24 | 인간의 대뇌를 바로 위에서 본 모습. 이 그림에서는 왼쪽이 앞이고 오른쪽이 뒤를 향하고 있으므로, 그림의 윗부분이 우반구, 아랫부분이 좌반구에 해당한다.

쪽 손이 더 자주 사용되며, 개인에 따라 오른손과 왼손 사이에 뚜렷한 기능 차이가 나타난다.

대뇌도 〈그림 24〉에서 보이듯 좌반구와 우반구로 나뉘며, 형태상 양쪽은 거의 대칭을 이룬다. 대뇌는 이처럼 대칭적인 장기 중 하나이지만, 손처럼 기능이 분담되어 있어 좌반구와 우반구 사이에는 역할의 차이가 있음이 밝혀졌다.

그런데 뇌에서 나와 인체의 모든 것을 지배하는 신경계는 대체로 왼쪽 뇌(좌뇌)가 신체의 오른쪽 기능을, 오른쪽 뇌(우뇌)가 신체의 왼쪽 기능을 담당하고 있다. 이를 '교차 지배(交叉支配)'라고 한다. 이를테면 신체 오른쪽 절반의 감각, 즉 촉각, 통각, 온도 감각 등은 신경을 따라 전달되어 좌뇌에 도달하고, 그곳에서 각각의 감각으로 인지된다. 마찬가지로 왼쪽 절반의 감각은 우뇌로 전달된다. 운동에 경우에도 신체의 오른쪽

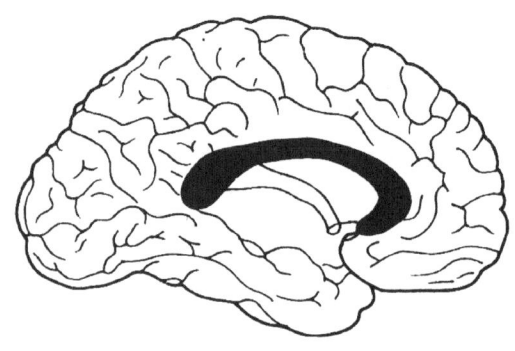

그림 25 | 뇌량. 'ㄱ' 모양의 검은 부분으로, 좌우 대뇌반구를 연결하는 신경섬유 다발이다.

절반을 움직이는 명령은 좌뇌에서, 왼쪽 절반을 움직이는 명령은 우뇌에서 내려진다.

이 외에도 보는 것, 듣는 것도 마찬가지로, 오른쪽 눈이나 귀를 통해 들어온 정보는 좌뇌에서 인지되고, 왼쪽 눈이나 귀를 통해 들어온 정보는 우뇌에서 인지된다. 이처럼 운동이나 감각은 신경이 교차되어 반대쪽 뇌에서 명령이 내려오거나, 반대로 반대쪽 뇌로 전달된다. 대뇌 자체에서는 〈그림 25〉에 나타난 것처럼 좌우의 대뇌반구 사이에 뇌량이라 불리는 2~3억 가닥의 신경섬유로 이루어진 굵은 정보 연락로가 있어, 좌뇌와 우뇌의 동일한 기능 부위를 서로 연결하고 있다.

좌뇌와 우뇌의 기능차

좌뇌와 우뇌가 어느 정도 서로 다른 기능을 가지고 있는 것이 아닐까 하는 추측은, 이미 100여 년 전부터 널리 알려져 있었던 것으로 보인다. 이는 전쟁터에서 왼쪽 머리를 다친 병사에게 실어증(失語症)이 나타난 반면, 오른쪽 머리에 외상을 입은 경우에는 이러한 실어증이 생기지 않았기 때문이다. 이로 인해 언어중추(言語中樞)는 좌뇌에 존재하며, 우뇌에는 없을 것이라는 생각이 제기되었다.

또한 뇌내 출혈 환자의 경우, 좌반신에 마비가 온 사람, 즉 우뇌가 손상된 경우에는 언어장애가 나타나지 않는 반면, 우반신이 마비된 사람, 즉 좌뇌가 손상된 경우에는 언어장애가 일어나는 것으로 관찰된다. 이같은 사례 또한 언어중추가 좌뇌에 존재한다는 사실을 뒷받침하는 증거라고 이해되어 왔다.

그러나 좌뇌에 언어중추가 존재하는 것으로 보인다는 사실은 이처럼 비교적 오래전부터 알려져 있었지만, 언어를 제외한 다른 정신 기능들이 뇌 속에서 어떻게 분포되어 있는지, 또 우뇌는 어떤 기능을 수행하는지에 대해서는 오랫동안 명확히 밝혀지지 않았다. 그러던 것이 다음과 같은 관찰을 통해 비로소 드러나기 시작했다.

뇌 기능은 어떻게 조사하는 것일까?

1940년 전후 미국에서는 약물로는 발작을 잘 억제할 수 없는 간질 환자들을 대상으로, 좌우 대뇌반구를 연결하는 뇌량을 전달하는 수술이 시행되었다. 이 수술은 간질 발작을 일으키는 전기적 흥분이 뇌의 일부분에서 발생하더라도, 그 흥분이 다른 대뇌반구로 전달되지 않도록 하기 위해 뇌량이라는 연락로를 절단해 두면, 흥분이 한쪽 대뇌반구에만 머물게 할 수 있다는 이론에 바탕한 것이었다. 이러한 치료는 실제로도 효과가 있었던 것으로 보고되었다. 더욱이 뇌량을 절단한 이후에도 환자의 정신 기능이나 신경 기능에는 특별한 이상이 나타나지 않았다고 보고되었다.

그러나 이 수술이 시행된 지 약 20년이 지난 후, 미국의 심리학자 S. 스페리 박사 등은 뇌량이 절단된 환자를 정밀하게 조사해, 좌우 대뇌반구 사이의 정보교환이 불가능한 이들 환자에게서 대뇌가 좌우 각기 서로 다른 기능을 수행하고 있다는 사실을 발견했다. 즉 건강한 사람일 경우 외부에서 들어온 정보가 우뇌로 전달되더라도 뇌량을 통해 즉시 좌뇌로 전달되고, 좌뇌로 들어온 정보 또한 우뇌로 전달되기 때문에, 평소에는 좌우 대뇌반구의 기능 분담을 분명히 인식하기 어렵다. 그러나 뇌량이 절단된 환자의 경우에는 좌우 내뇌반구 간의 정보 전달이 차단되어, 한쪽 반구의 기능이 다른 쪽의 영향을 받지 않게 된다. 그 결과 각각의 대뇌반구가 어떤 역할을 담당하는지를 명확히 확인할 수 있었던 것이다.

그 실험 방법은 다음과 같았다. 스페리 박사 연구팀은 시각과 촉각을 응용한 실험을 진행했다. 검사를 받는 뇌량 절단 환자의 눈 앞에는 가리개를 세워, 좌우 어느 한쪽 시야가 다른 쪽을 볼 수 없도록 시각을 차단한다. 이어, 가리개에서 환자의 미간까지 직각 방향으로 시야를 좌우로 정확히 이등분하는 간막이판을 설치한다. 이러한 장치를 통해, 오른쪽 시야에서 보였던 물체는 좌뇌로, 왼쪽 시야의 물체는 우뇌로 전달된다. 즉 좌우 시야를 완전히 분리함으로써, 각각의 대뇌반구에 서로 다른 시각 정보가 독립적으로 입력되도록 한 것이다.

이 실험에서 오른쪽 시야에 있는 물체를 제시하고 "이것이 무엇이냐?"고 질문하면, 피험자는 정확하게 대답할 수 있다. 그러나 이어서 왼쪽 시야에 물체를 제시한 후 같은 질문을 하면, 이번에는 이름을 말하지 못한다. 즉 왼쪽 시야에 어떤 물체를 보여주더라도 뇌량이 절단된 환자는 그 이름을 말할 수 없는 것이다.

그런데 왼쪽 시야에 볼펜과 같은 물체를 제시한 뒤, 그것을 손으로 잡아보게 한 다음 "이것은 어떻게 쓰는 물건인가?"라고 물으면, 피험자는 글씨를 쓰는 동작을 흉내 내며, 그것이 필기도구임을 이해하고 있음을 드러낸다. 그러나 "그것이 무엇인지 이름을 말해보라"고 하면 여전히 대답하지 못한다.

이 실험 결과를 통해 다음과 같은 사실이 밝혀졌다. 즉 오른쪽 시야에서 본 물체는 좌뇌의 언어중추가 기능하기 때문에 그 이름을 바르게 대답할 수 있다. 그러나 왼쪽 시야에서 본 물체는 언어중추가 없는 우뇌로 전달되기 때문에, 그 이름을 말로 대답할 수 없다. 그러나 이 경우에도 피험자의 동작을 보면, 물체가 어떤 용도로 사용되는지는 올바르게 판단하고 있음을 알 수 있다. 스페리 박사는 이 일련의 연구로 1981년에 노벨 생리의학상을 수상했다.

일본의 쓰노다 다다노부(角田忠信) 교수는 뇌량 절단 등의 처치를 받지 않은 건강한 사람을 대상으로, 청각 자극을 활용한 실험을 수행하고 있다. 그 방법은 '양이(兩耳) 청각 시험'이라 불리며, 피험자가 양쪽에 헤드폰을 착용한 상태에서 좌우 동시에 각각 다른 덧셈 문제를 듣게 하는 방식이다. 예를 들어 왼쪽 귀에는 "4 더하기 2", 오른쪽 귀에는 "3 더하기 5"와 같은 식으로 서로 다른 문제를 들려준 뒤, 두 문제 모두의 답을 말하게 한다.

이와 같은 문제를 반복해 제시하면서 각각의 귀로 들은 문제에 대한 정답률을 측정한다. 오른쪽 귀로 들은 문제의 정답률이 높게 나타난다면, 덧셈 연산이 좌뇌에서 이루어지고 있을 가능성이 높다고 판단할 수 있다. 실제 실험 결과도 이를 뒷받침하고 있어, 좌뇌가 수리 연산 기능을 담당하고 있다는 사실이 입증되었다.

쓰노다 교수는 이 양이 청각 시험을 일본어와 외국어, 일본인과 외국인, 그리고 다양한 종류의 소리에 대해서도 적용하여, 흥미로운 연구 결과들을 지속적으로 보고하고 있다.

밝혀진 사실들

이러한 실험 결과를 종합하면 좌뇌와 우뇌의 기능은 각각 〈표 4〉와 같이 된다. 좌뇌는 언어중추가 위치해 있기 때문에 논리적 사고를 담당한다. 지능지수의 높고 낮음과 밀접한 관련이 있으며, 영어·수학·국어·과학·사회 등 주요 교과의 학업 성취도와도 상당한 연관이 있는 것으로 나타났다. 이처럼 학습 능력이나 지적 활동의 중심은 좌뇌에 집중되어 있으며, 지능의 집적 또한 좌뇌의 기능에 의해 좌우된다고 할 수 있다.

우뇌는 도형과 패턴을 인식하는 데 중심적인 기능을 지니고 있다. 직

우위 반구(좌뇌)	열위 반구(우뇌)
의식으로의 연락뇌	좌반구와 같은 연락뇌가 없다
언어적	거의가 비언어적이고 음악적
관념 구성적	화학적 및 도형적 감각
분석적	합성적
시간 연쇄적	전체론적
산술적 및 계산기 유사적	기하학적 및 공간적

표 4 | 좌뇌와 우뇌의 기능 차(출처: J. 엑클스, 『운동의 제어와 자유의지』, 1974년)

감력, 창조력, 통찰력, 선견성(先見性) 등과 깊은 관련이 있다. 멜로디를 정확하게 인식하는 능력도 포함되어 있어, 흔히 '음악뇌(音樂腦)'라고 불리기도 한다.

그림을 그리거나 지도를 읽는 능력, 이른바 지리적 감각 또한 우뇌의 기능이다. 복잡한 현상을 관찰하고 그것을 추상화하여 본질을 간파하는 능력도 우뇌에 의해 이루어진다. 언어를 사용하지 않고 감정이나 정서를 이해하고 표현하는 것도 우뇌의 역할이다. 이처럼 복합적인 감각과 의미를 직관적으로 파악하는 능력은 전적으로 우뇌의 몫이라 할 수 있다.

언뜻 떠오른 이미지는 우뇌의 기능에 의한 것이며, 그것을 논리적으로 정리해 말로 표현하는 것은 좌뇌의 기능이다.

과거에는 좌뇌에 언어중추를 비롯한 지성(知性) 기능이 집중되어 있는 반면, 우뇌는 그다지 고등한 기능을 지니고 있지 않다고 여겨졌다. 이로 인해 좌뇌는 '우위 뇌(優位腦)', 우뇌는 '열위 뇌(劣位腦)' 또는 '침묵 뇌(沈默腦)' 등으로 불린 적이 있다. 그러나 지금까지 살펴본 바와 같이 좌우 대뇌반구는 기능 면에서 우열이 있는 것이 아니라, 각기 특화된 역할을 하며 상호 보완적으로 작용함으로써 인간의 고도한 정신활동을 이끌어 가고 있는 것이다.

지능에는
남녀 차이가 있는가?   5

지능지수를 비교하면?

현재 사용되고 있는 대부분의 지능검사 결과에 따르면, 남성과 여성의 지능지수 평균값은 거의 동일한 것으로 나타나 있다. 지능검사는 일반적으로 물건의 명칭 말하기, 모방, 간단한 명령 수행, 단기 기억, 이해력, 유추, 도형 조립 등 여러 가지 항목을 통해 피검사자의 정신 기능을 평가하며, 각 항목별로 점수를 부여한다. 이 점수들을 합산한 총점이 지능검사의 평가 점수이며, 여기서 지능지수(IQ)가 산출된다(지능지수의 산출방식은 앞서 '지능지수란?' 항목 참조).

그러나 검사 성적의 세부 내용을 자세히 비교해 보면 남녀 간에 미묘한 차이가 있음을 알 수 있다. 예를 들어 시각적 인지 능력, 즉 형상 인식, 지도 판독, 기계 조작 등과 관련된 기술은 남성이 여성보다 뛰어난 것으로 나타난다. 이러한 시각적 인지 능력에서의 남성 우위는 인간뿐 아니라 동물 실험에서도 유사한 결과가 보고되고 있다. 이러한 차이가 성호르몬과 관련이 있다는 설도 있다.

한편, 여성은 언어 능력 면에서 남성보다 뛰어나다는 사실이 여러 연구를 통해 입증되어 있다. 일반적으로 여아는 언어를 더 빨리 습득하고, 자신의 생각을 말로 표현하는 데 능숙하며 암기력 또한 우수한 경향을 보인다.

　이러한 사실을 앞서 살펴본 내용에 적용한다면, 남성은 우뇌적이고 여성은 좌뇌적이라고 말할 수도 있을 것이다. 그러나 이와 같은 일반적인 경향만으로 남녀 간의 기능 차이를 단정 짓는 것은 신중할 필요가 있으며, 과학적으로도 한계가 있는 접근이다.

왜 지능에 남녀 차이가 생기는가?
남성과 여성 사이에 지능의 활동 영역에 따라 능숙한 분야와 그렇지 않은 분야가 존재하는 이유는 무엇일까? 앞서 설명한 바와 같이 대뇌 표면에는 각 기능을 담당하는 중추가 분포해 있다. 남성의 경우 언어중추가 특히 좌뇌에 강하게 집중되어 있는 반면, 여성은 언어중추가 좌뇌에 집중되어 있으면서도 우뇌에도 일정 수준의 언어 처리 능력이 분포된 것으로 알려져 있다.

　여성은 이처럼 언어 기능이 좌우 양쪽 대뇌반구에서 함께 처리되기 때문에, 주로 좌반구에서만 언어가 처리되는 남성보다 언어 능력이 뛰어나다고 설명하는 견해도 있다.

　한편, 공간인식 능력에 대해서는 다음과 같은 견해가 제시되어 있다. 남성의 경우, 유아기부터 공간인식 기능이 우뇌에 집중되며, 좌뇌로부터의 간섭이 차단됨으로써 인식 과정이 보다 능률적으로 이루어질 수 있다는 것이다. 이에 대해 여성의 경우, 물론 우뇌에 공간 인식의 중추가 존재하지만, 남성과는 달리 우뇌에 언어 기능도 다분히 존재하기 때문에 그로 인해 방해를 받아 공간 인식력이 비교적 약하다고 설명되기도 한다.

앞서 남성과 여성의 지능지수의 평균값은 거의 같다고 말했다. 그러나 지능지수의 분포를 남성과 여성 각각에 대해 조사해 그래프로 나타내면 〈그림 26〉과 같이 남성 쪽이 좌우로 저변이 더 넓게 퍼져 있는 것을 확인할 수 있다.

이것은 남성의 경우, 여성에 비해 매우 높은 지능을 가진 사람의 비율이 더 높을 뿐 아니라, 동시에 지능이 매우 낮은 사람의 비율도 비교적 많다는 점을 시사한다. 실제로 지능이 극히 낮은 사람들 중에는, 이후에 설명할 바와 같이 자궁 속에 있었던 태아기나 출생 전후 시기에 발생한 우발적인 질병으로 인해 중증의 심신 장애를 갖게 된 사례가 많다. 〈표 5〉

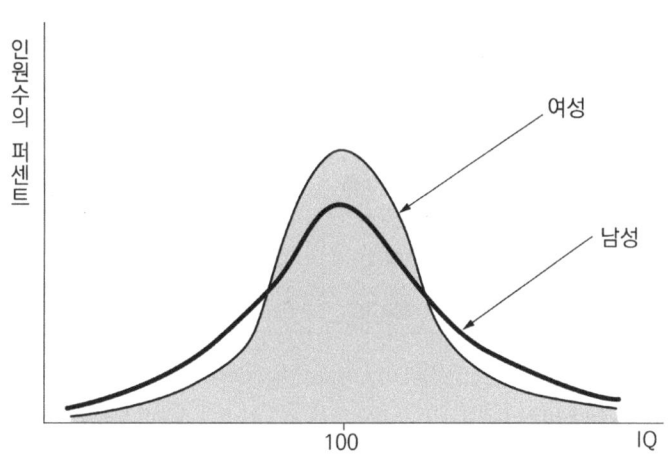

그림 26 | 남녀별 지능지수의 분포

에서 확인할 수 있듯이, 이들의 주요 진단명인 뇌성마비, 최중도 지능지체, 자폐증(自閉症) 등은 모두 남성에게서 훨씬 높은 비율로 나타난다.

그 이유는 남성이 여성보다 자궁 내 또는 출생 전후 시기에 특정 질병에 더 쉽게 걸리며, 이로 인해 중추신경계에 손상을 입기 쉬운 경향이 있기 때문으로 여겨진다.

그렇다면 매우 높은 지능을 지닌 사람이 남성에게서 비교적 자주 나타나는 현상은 어떻게 설명할 수 있을까? 그 원인은 아직 명확하게 밝혀지지 않았다. 그러나 성장 과정에서의 환경조건이 이러한 현상에 상당한 영향을 미치고 있다는 점은 부정할 수 없을 것이다.

그런데 이 문제와 관련해 주목할 만한 것이 하나 있다. 바로 지능과 염색체의 관계를 다룬 연구이다. 앞서 말했듯이 인간의 성질이나 신체적 특징은 유전에 의해 크게 영향을 받는다. 그리고 이러한 유전은 세포

	남자		여자		합계	
자 폐 증	99명	(83.2%)	20명	(16.8%)	119명	(100.0%)
뇌성마비	186	(63.7)	106	(36.3)	292	(100.0)
다 운 증	79	(54.1)	67	(45.9)	146	(100.0)
유 치 원	67	(52.3)	61	(47.7)	128	(100.0)

표 5 | 장애아와 건상아의 남녀 비율. 1970년부터 2년간 일본 아이치현(愛知縣) 심신장애자 콜로니 중앙병원에 새롭게 입원한 환자들 중, 세 가지 주요 질병에 대해 남녀 인원수를 집계했다. 이 조사에서 다운증(다운증후군) 아동에게는 남녀 간의 큰 차이가 나타나지 않았는데, 이는 다운증이 수정 단계에서 이미 발생한 것으로 추정되기 때문이다.

속 염색체 위에 존재하는 유전자의 작용에 의해 일어난다는 사실 역시 이미 말했다.

인간의 염색체 수는 총 46개, 즉 23쌍으로 이루어져 있으며, 이 중 44개는 상염색체(常染色體), 나머지 2개는 성염색체(性染色體)라고 불린다. 성염색체는 남성의 경우 X염색체 1개와 Y염색체 1개로 구성되어 있고, 여성의 경우 X염색체 2개를 가지고 있다. 즉 Y염색체는 남성에게만 유전 명령을 전달하는 역할을 한다.

그런데 남성의 경우, X염색체에 포함된 유전 정보는 Y염색체로부터의 간섭 없이 그대로 발현되는 반면, 여성은 X염색체가 2개 있으므로, 제2의 X염색체가 제1의 X염색체에 함유되어 있는 유전 정보의 영향을 희석시켜 버리는 것이라고 한다. 이와 같은 사정으로부터 남성은 유전자 좋은 쪽으로 작용할 경우에도, 나쁜 쪽으로 작용할 경우에도 극단적인 결과를 낳기 쉬우며, 그 결과 지능지수의 분포에서도 여성에 비해 폭넓은 저변을 나타내게 된다는 주장이 있다.

그러나 이 설을 염색체 질환을 전공하는 유전 상담 의사인 필자의 친구에게 이야기하자, 그는 이에 동의하지 않았다.

이러한 점들을 종합해 지능을 둘러싼 남성과 여성을 비교해 보면, 결론적으로 어느 쪽이 지능 면에서 더 뛰어나다고 단정할 수는 없다. 남성과 여성은 제각기 미묘하고도 독특한 성질을 지니고 있으며, 종합적으로 볼 때 동등한 지능 활동을 하고 있음을 알 수 있다. 이전에는 남성 중심의 영역으로 여겨졌던 과학이나 언론 분야에서도, 오늘날에는 뛰어난 역량을 발휘하는 여성 직업인을 점점 더 많이 볼 수 있게 되었고, 미용사나 복식 디자이너처럼 한때 여성만의 직업으로 인식되던 분야에서도 탁월한 감각을 발휘해 높은 평가를 받는 남성 직업인도 많아지고 있다.

3장

지능은 어떻게 발달하는가?

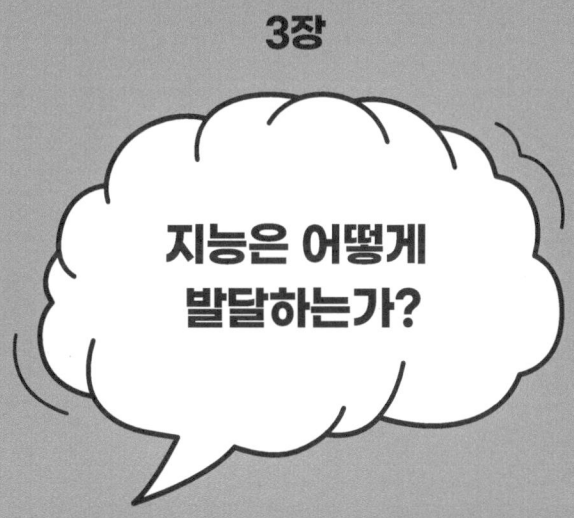

지능의 정상적인
발달 과정   1

지능의 정상 발달과 개인차

젖먹이나 어린아이의 지능 발달은 신체와 정신의 성장 과정을 통해 관찰되므로, 건강한 아이가 출생 이후부터 초등학교에 입학하기까지의 시기에 신체적·정신적으로 어떻게 변화하는지를 시간의 흐름에 따라 살펴보고자 한다.

여기에서 설명하고자 하는 아이들의 지능의 정상적인 발달 과정은, 건강한 아동의 평균적인 행동 양상을 기준으로 한 것이다. 그러나 정상아 중에도 아주 어릴 적부터 급속한 발달을 보이는 아이가 있는가 하면, 처음에는 발달이 느리더라도 성장함에 따라 점차 따라잡는 아이도 있기 때문에, 아이들의 지능 발달은 정상 범위 안에서도 큰 차이가 있음을 충분히 인식해야 한다.

또 예를 들어 세 돌을 전후한 이른 시기에 이미 또렷하고 총명한 말을 하던 아이가 중학생이 된 뒤에는 평균 이하의 지능으로 판명되거나, 반대로 세 살 무렵에는 말이 적고 지능 발달이 느린 것이 아닐까 하여 부모를 걱정하게 했던 아이가, 드물게 볼 만큼 뛰어난 지능을 지닌 청년으로 성장하는 경우도 있다. 이처럼 유아기의 한 단면만으로는 장래의 지능 발달을 예측할 수 없는 일이 흔히 있다.

한편, 아이들의 심신 발달 속도가 시대의 흐름에 따라 점점 빨라지고 있다는 사실도 무시할 수 없다. 또한 지능의 정상 발달을 관찰할 때는 요즘 아이들이 예전에 비해 전반적으로 '조숙'해지는 경향이 있다는 점에도 유의할 필요가 있다. 아울러 아이들의 발달에 대해 나중에 "언제쯤, 어떤 상태였느냐" 하고 어머니에게 물었을 때, 어머니의 기억이 매우 부정확해서 신뢰하기 어려운 경우도 많기 때문에, 이 점도 주의해야 한다.

이러한 여러 가지 점을 염두에 두고, 이제 월령(月齡)과 연령의 순서를 따라 아동 행동의 평균적인 발달 과정을 살펴보고자 한다. 본문에 제시한 사례는 스웨덴의 발달심리학자 샌드슈트레임 교수의 조사 보고에서 발췌한 것이며, 일본 현대 아동의 실태에 맞춰 일부 수정한 것이다.

한 달 된 아기 얼굴 바로 위에 매달린 물체가 정지해 있을 때는 알아채지 못하지만, 그것이 움직이면 눈으로 따라간다. 무언가 중얼중얼 소리를 내며, 소리에 반응을 보인다. 보채다가도 안아주면 얌전해진다. 얼러주면 점차 웃음을 짓게 된다.

세 달 된 아기 점차 그 아이다운 성격의 경향이 드러나기 시작한다. 눈과 손이 같은 목표를 향해 함께 움직일 수 있게 되며, 표면이 반짝이는 물체나 움직이는 물체를 응시한다. 사람의 목소리에 분명하게 반응하고, 의미를 알 수 없는 소리를 활발하게 내지만, 아직 또렷한 발음은 하지 못한다. 어머니의 얼굴, 손, 목소리를 다른 사람의 것과 구별할 수 있게 되며,

미소를 짓거나 소리 내어 웃기도 한다. 낯을 가리기 시작하고, 고개를 곧게 가눌 수 있게 된다.

여섯 달 된 아기 앉을 수 있게 된다. 몸을 뒤집을 수 있으며, 이가 나기 시작한다. 물건을 손에 쥔 뒤 입으로 가져가 확인하려는 행동을 보인다. 주변 사람이나 사물에도 관심을 보이며, 아직 의미는 없지만 "맘마, 맘마"처럼 분명한 소리를 낼 수 있게 된다.

아홉 달 된 아기 누워 있던 자세에서 스스로 몸을 움직여 앉을 수 있게 된다. 물건을 붙잡고 일어서지만 아직 균형은 잘 잡히지 않는다. 가족의 일원이라는 태도를 보이기 시작하며, "응, 응" 하고 대답을 하게 된다. 컵을 들어 직접 마실 수 있게 되고, 낯선 음식을 먹었을 때는 알아차리고 뱉어낸다. 엄지와 검지로 물건을 집을 수 있으며, 무엇이든 입으로 가져가 확인하려는 행동은 줄어들고, 눈으로 확인하는 경우가 많아진다. 두 개의 물체를 번갈아 바라보며, '둘'이라는 수 개념의 기초가 형성되기 시작한다. 자기 이름을 부르거나 "안 돼!" 하고 말하면 반응하지만, 말의 의미는 아직 완전히 이해하지 못하는 듯하다. 주변 사람들에게 관심을 보이며 간단한 손장난도 즐긴다. 거울 속 자신의 얼굴을 보면 미소를 짓지만, 낯선 사람, 특히 참견이 심한 사람을 만나면 몹시 무서워한다.

한 살 된 아기 이르면 생후 10개월, 늦어도 한 살 7개월까지는 스스로 걷게 된다. 이 걷기 시작하는 시기, 즉 첫돌 전후가 되면 '엄마' '맘마' 등 의미 있는 한두 마디 말을 하기 시작한다. "그것 이리 줘!" 하고 말하면 공을 건네주는 등 간단한 말을 이해하고 지시를 따를 수 있게 된다. 한 살 아기는 가족 중에서도 특히 인기 있는 존재이며, 두려움, 불쾌감, 질투, 노여움 등의 감정을 표현한다. 다른 사람의 감정을 어느 정도 헤아릴 수 있고, 손으로 직접 음식을 집어 먹는다. 배변의 습관도 규칙적으로 되어 간다.

두 살 된 아이 자유롭게 걸을 수 있게 되며, 매우 활발한 시기를 맞는다. 계단을 오르내릴 수 있는데, 이때는 한 걸음씩 디딘 뒤 매번 두 발을 층마다 모은 후 다시 한 걸음씩 옮긴다. 숟가락을 사용해 스스로 음식을 입에 가져갈 수 있고, 블록을 쌓아 '탑'이나 '기차'를 만들기도 한다. 때때로 두 마디 말을 하지만, 대부분은 단어 하나로 말한다. 이전까지의 불분명한 말소리는 거의 사라지고, 말의 의미가 보다 분명해진다. 언어 이해 능력도 한층 발달해, 눈이나 귀 같은 신체 부위를 손가락으로 가리킬 수 있다. 그림에 그려진 사물의 이름도 비교적 말할 수 있게 된다. 지시에 잘 따르며, 칭찬을 들으면 기뻐한다. 공을 던지거나 점프를 할 수 있고, 윗옷을 벗거나 스스로 신발을 신을 수도 있다.

세 살 된 아이 이 시기에 이른바 '제1 반항기'를 겪게 된다. 아이는 자기주장을 하기 시작하며, 무엇에든지 반대하고 싶어 한다. 같은 이야기를 반복해서 들여달라고 조르기도 한다. 한편 다른 사람과 협력하는 행동도 가능해진다. 두 발을 일단 모으지 않고서도 계단을 오르내릴 수 있게 되며, 아직 인물화는 그리지는 못하지만, 틀 끼우기 놀이나 흉내내기 놀이를 할 수 있다. 어머니와 자기 자신을 구별할 수 있으며, 언어 이해력도 크게 향상된다. 두세 마디로 문장을 만들어 "아빠, 회사" 같은 표현을 할 수 있으며, 자주 "왜?"라고 질문을 던진다.

　새 친구를 사귀고 싶어 하며, 친구에게 자기 물건을 주며 환심을 사려 하기도 한다. 때로는 특별한 이유 없이 화를 내기도 한다. 소음이나 낯선 물체에 대한 두려움은 줄어들지만, 어두운 곳이나 혼자 있을 때는 여전히 겁을 내고, 무서운 꿈을 자주 꾸기도 한다. 기분이 불쾌하거나 자신감을 잃으면 아기처럼 보채며 퇴행적인 모습을 보이기도 한다. 말더듬이는 이 시기에 시작되는 경우가 많으며, 성격이 내향적에서 외향적으로 급격히 바뀌는 시기이기도 하여 정서가 불안정해지기 쉽다.

네 살 된 아이 불안정했던 세 살 시기를 지나, 네 살이 되면 자신감 있는 행동을 하게 된다. 일종의 성숙함을 드러내며, 독립적인 존재로서 자신의 일을 스스로 하려는 경향이 나타난다. 그렇다고 해서 다루기 쉬워지는 것은 아니다. 때때로 이유를 알 수 없는 공포심을 갑자기 드러내기도 한다. 인물화는 머리와 두 다리를 중심으로 그리며, 때로는 그것에다 눈을 그려 넣기도 한다. 색깔의 이름을 말할 수 있고, 반의어(反意語)도 사용할 수 있게 된다.

네 살짜리 아이는 매우 활발하기 때문에, 자칫하면 그의 지식 수준을 실제보다 과대평가하기 쉽다. 세 살 때보다 더 자주 "왜?", "어떻게 해서?" 하고 질문을 던진다. 때로는 이미 답을 알고 있으면서도 자신의 생각이 맞는지를 어른의 대답을 통해 확인하고 싶어 한다. 집단 놀이에 관심을 보이고, 자신의 장난감을 친구에게 자랑하듯 보여주기도 하며, 갑작스럽게 심술을 부리기도 한다. 이 시기에는 다른 사람을 통제하거나 주도하려는 경향도 나타난다.

다섯 살 된 아이 운동 기능이 충분히 발달하여 어른과 크게 다르지 않을 정도로 빗이나 칫솔도 능숙하게 사용할 수 있게 된다. 한층 더 침착해져 경솔한 행동은 거의 하지 않으며, 삼각형을 따라 그릴 수 있을 만큼의 도형 인식 능력도 갖추게 된다. 그림을 그리는 능력도 한층 분명해져, 내용이 제법 그럴듯해진다. 10까지의 셈을 할 수 있으며, 자기 나이를 정확히 말할 수 있다. 반성하는 능력이 생기고, 사고방식과 감정 표현이 점점 현실적으로 바뀌면서, 이전처럼 공상적인 이야기만을 좇는 일은 거의 없어진다. 질문은 단순한 호기심이 아니라, 사물의 본질을 알고 싶어서 하며, 관심을 갖는 화제도 점점 실제적인 것으로 바뀐다. 아기 같은 말투는 거의 사라지고, 표현 방식은 거의 완전해져 문법적으로도 정확하다. 집안일을 도우려 하며, 약한 사람이나 친구, 어린 동생을 보호하려는 태도를 보인다. 자신감을 갖는 동시에 타인을 신뢰할 수 있게 되며, 정서적으로도 안정된 모습을 보인다.

여섯 살 된 아이 여섯 돌이 가까워질 무렵에는 다시 한번 다루기 힘든 시기가 찾아온다. 집중력이 부족해 한 가지 일을 하다가도 금방 다른 일로 관심이 옮겨진다. 운동은 활발하지만 침착성이 없다. 남자아이는 세발자전거를 벗어나 일반 자전거를 타기 시작하고, 여자아이는 인형의 옷을 갈아입히는 일에 열중한다. 말투는 특히 남자아이의 경우 거칠고 건방지게 느껴질 수 있다.

전화 통화에 흥미를 보이며, 전화를 받거나 걸기를 좋아한다. 그림 실력도 발전해 더 실물에 가까운 형태로 그리며, 색칠하기를 즐기지만 크레용을 다루는 손놀림은 아직 서툴다. 글씨를 쓰거나 숫자를 읽는 등 문자와 수에 대한 관심도 나타난다.

무엇이든 먼저 하려고 들며, 첫 번째가 되지 않으면 만족하지 못해 친구나 형제와 다투기 쉽다. 그러나 어머니가 아프거나 우는 모습을 보면 정답게 다가가거나 위로를 하기도 한다. 한편으로는 어머니의 보살핌을 바라면서도, 때때로 그것을 밀어내려는 태도를 보이기도 한다.

지능 발휘의
연령 요인   2

같은 지능 수준이 평생 유지되는 것은 아니다

앞서 살펴본 바와 같이 지능의 높고 낮음에는 유전적 요인이 크게 작용한다. 그렇다면 지능이 높은 사람은 높은 지능을 유지하며 살아가고, 지능이 낮은 사람은 그 상태로 살아갈 수밖에 없는 것일까? 그러나 실제로는 반드시 그렇게 단정할 수 없다.

확실히 지능지수 자체는 어린 시절에 측정한 값과 청년기에 측정한 값 사이에 큰 차이가 없는 경우가 많다. 그러나 우리가 진정으로 관심을 두는 것은 지능지수의 절대적인 수치보다, 그 지능이 실제 생활 속에서 얼마나 발휘되는지, 그리고 그것을 바탕으로 얼마나 효과적으로 사회생활을 할 수 있느냐의 여부에 있다.

이런 관점에서 살펴보면, 인간의 지능은 사람에 따라 일생 동안 크고 작은 기복을 보이는 것이 사실이다. 어린 시절에는 일찍 개화했지만 장년기에는 지적 에너지가 고갈되는 사람이 있는 가 하면, 반대로 늦게 피더라도 성숙한 시기에 큰 꽃송이를 피우는 사람도 있다.

즉, 누구나 일생 동안 동일한 수준의 지능을 유지하는 것은 아니다. 그렇다면 이제 구체적으로 지능 발휘의 추이를 살펴보도록 하자.

		지적 기능	
		지체되어 있다	지체되어 있지 않다
적응행동	지체되어 있다	정신지체	정신지체가 아니다
	지체되어 있지 않다	정신지체가 아니다	정신지체가 아니다

그림 27 | 정신지체의 정의

어릴 때는 지능이 다소 낮더라도

〈그림 27〉에서 보았듯이, 지능지체(의학용어로는 정신지체)란 다음 두 가지 조건을 동시에 충족하는 경우를 말한다.

(1)지능지수가 69 이하이고, (2)식사, 배설, 언어, 대인관계 등 일상생활에 필요한 적응행동의 발달이 현저히 늦다는 점이다. 이 가운데 (1)번인 지능지수는 아이가 성장하더라도 일반적으로 크게 향상되기 어렵다. 그러나 (2)번인 적응행동 발달의 지체는 성장에 따라 개선되는 경우도 많다.

어린 시절에 '지능지체' 판정을 받았더라도, 청년이 되었을 때는 일상생활에서 행동상의 큰 차이가 거의 드러나지 않는 경우가 많다. 이러한 경우, 해당 청년은 더 이상 지능지체로 볼 수 없다. 실제로 초등학생 시절에는 학업 성적이 매우 낮고, 생활 태도나 예절 면에서도 지도하기 어려웠던 아이가, 성인이 된 이후에는 비록 지능지수를 측정하면 여전히 낮은 수치일지라도, 직업인으로서나 가정의 기둥으로서 제 역할을 충분히 해내며 살아가는 사례도 적지 않다. 이처럼 실제 사회생활에서는 지능지수가 낮다는 사실이 반드시 문제로 이어지는 것은 아니라는 점을 잘 이해할 수 있을 것이다.

지능에는 저마다 연령기가 있다

어린 시절부터 지능이 뛰어나다는 인정을 받고, 이후에도 순조롭게 고등교육을 이수한 뒤, 사회에 나가서는 탁월한 능력으로 조직 내에서 중요한 인물로 대우받으며, 큰 명성과 존경 속에 일생을 마치는 우수한 인재도 세상에는 분명 존재한다.

한편, 젊은 시절부터 뛰어난 업적을 쌓고, 초로기에 접어든 지금도 눈부신 활약을 이어가고 있는 세계적인 과학자, 저명한 실업가, 정치인들 가운데는 "명문 고등학교나 명문 대학의 입시에 떨어졌었다"고 회고하는 경우도 종종 볼 수 있다.

이들 가운데는 어린 시절 주위로부터 수재라는 칭찬을 듣지 못했을 수도 있지만, 노년에 가까운 지금도 다양한 화제를 지니고 있으며, 그 내용은 해당 분야의 전문학자 수준에 이를 뿐 아니라 외국어에도 능통해 국제적으로 활동하고 있다. 결국 이들은 본래부터 뛰어난 지능을 지닌 사람이었음이 틀림없으며, 다만 소년기에는 그 지능이 충분히 발휘되지 않았던 것이라고 볼 수 있다.

또 한편으로는 "열 살에는 신동, 열다섯 살에는 수재, 스무 살이 넘자 평범한 사람"이라는 말이 있듯이, 젊은 시절에는 누구보다 뛰어난 지능의 소유자로서, 천하의 난관이라 불리는 일류 대학에 입학하고, 졸업 후에는 일류 기업에 취직했지만, 그 이후로는 어쩐 일인지 두각을 드러내지 못한 채, 한창 일할 나이인데도 업무를 능숙하게 처리하지 못해 조직 내에서 무시되거나 평가절하되는 사람도 의외로 많다.

이렇다 할 특별한 결함이나 실책이 없는 것도 아닌데, 예전의 영광은 어디로 사라졌는지 안타깝게 여겨지는 사람도 있다. 이 사람이 지녔던 본래의 지능은 과연 고갈되어 버린 것일까? 아니면 애초에 높은 지능 같은 것은 존재하지 않았던 것일까? 지금의 모습을 보면, 과연 이 사람이 한때 고등교육을 받았던 사람인지조차 믿기 어려울 정도이다.

이러한 예를 살펴보면, 지능에는 각 사람마다 그것이 최대로 발휘되는 연령기라 할 만한 시기가 존재하는 것 같다. 그 시기는 첫 번째 예처럼 일생 동안 꾸준히 지속되는 사람도 있고, 청년기의 비교적 이른 시기에 짧게 나타났다가 이내 소진되고 마는 사람도 있다.

반대로, 인생의 절반을 넘긴 뒤에야 비로소 지능의 최대 발휘 시기에 접어들어, 그 이후로 오랜 기간 동안 활발한 활동을 이어가는 사람도 있다.

여기서 지능 활동이 충분히 이루어지고 있는지를 판단하는 기준은, 실제로 활발한 지능 활동이 관찰되는가에 달려 있다. 그 사람이 현재 어떤 사회적 지위에 있느냐는 것과는 물론 상관이 없다.

지능의 최대 발휘 시기는 일생에 반드시 한 번만 오는 것은 아니며, 어떤 사람은 10대에 첫 번째, 30대나 40대에 두 번째 시기를 맞이하는 경우도 있는 것으로 보인다.

자신의 지능을
최대한으로 발휘하려면   3

지능이 높은 것만으로는 충분하지 않다

지능의 높고 낮음은 유전적인 요소가 크게 작용한다는 점은 이미 여러 차례 언급한 바 있다. 그러나 우리의 관심사는 단순히 어떤 사람의 지능 수준이 어느 정도이냐가 아니라, 타고난 지능이 학교나 사회 등 실생활에서 어떻게 하면 충분히 발휘될 수 있느냐는 점에 있다.

　주위를 둘러보면, 유명 대학의 재학생이나 졸업생 중에는 때때로 수험 기술 면에서는 가히 천재라 부를 만한 사람이 있다. 그들은 난이도가 높은 입학시험이나 입사시험조차도 손쉽게 통과했을 것이 틀림없고, 실제로 그런 실적을 지닌 듯하다. 이러한 사람은 분명히 지능이 높은 이들일 터이지만, 현실 사회에서는 그다지 두드러지지 못하거나, 심한 경우에는 조직에 적응하지 못한 채 신세를 한탄하며 하루하루를 보내고 있는 경우도 있다. 이것은 또 어째서일까?

　또 어떤 일에든 이해가 빠르고, 무엇이든 재치 있게 무난히 처리하는, 매우 유능하고 다재다능한 사람도 흔히 볼 수 있다. 이러한 사람은 지능검사에서도 비교적 높은 점수를 받았을 가능성이 크고, 지식도 풍부하다.

　그러나 이들이 크게 성공하거나 조직 내에서 중용되는 경우는 좀처럼 드물다. 이런 유형의 사람을 흔히 '잔재간꾼'이라 부르는데, 재능은 많지만 크게 성공할 인물은 아니라는 의미다.

한편, 재학 시절에는 학급에서도 존재감이 미미하던 학생이, 이후 연구나 사업 등 실제 사회에서 의외로 두각을 나타내며 눈부신 활약을 펼치는 사람도 많다.

이렇게 보아오면, 단순히 잔재간에 능하고 두뇌 회전이 빠른 잡학박사형 인물의 지능은 지적 수준이 높고 시험에 강하긴 해도 진정으로 사회에서 쓸모 있는 사람이 되지 못하는 것 같다는 사실을 알 수 있다. 그리고 지능이 사회생활에서 충분히 발휘되기 위해서는, 지능 이외의 어떤 요소가 필요하다는 점을 깨닫게 된다. 그 무엇이란 도대체 어떤 것일까.

참된 지능은 독창력

현대 사회는 흔히 정보화 사회(情報化 社會)라고 불린다. 생활을 영위해 나가기 위해서는 분명 정보가 중요하다. 그러나 정보를 몸에 지니고 있지 않더라도 필요할 때 그것을 얻으려는 의욕이 있고, 또한 그것을 얻는 방법을 알고 있다면 충분하다. 즉 이러한 정보나 지식을 단순히 많이 지니고 있다는 사실만으로는, 오늘날 사회나 과학의 진보에 크게 공헌한다고 보기 어렵다.

과거에는 지식이나 정보를 많이 지닌 사람이 '지식인'이라 불리며 존경을 받았다. 그러나 오늘날에는 '지식인'이라는 호칭조차 점차 사라져 가고 있다. 단순히 많은 정보를 보유하고 있다는 사실만으로는, 더 이상 큰 의미를 지니기 어렵기 때문이다.

정보를 축적하는 능력만 놓고 보자면, 컴퓨터가 훨씬 더 많은 정보를 정확하게 저장할 수 있으며, 이 점에서 인간은 기계를 따라갈 수 없다.

연구를 추진하고 혁신적인 기술을 개발하며, 새로운 사업을 기획하고 추진하는 등 사회와 과학을 진보시키고 발전하게 하는 원동력은 단순한 지능이나 지식이 아니라 아이디어라고 불리는 독창력이다. 즉 개별적인 사실에 얽매이지 않고 사물을 대국적으로 바라보며, 그 본질을 직관적으로 파악하는 능력이 중요하다.

이러한 능력을 발휘하기 위해서는, 오히려 잡다하고 과도한 지식이 방해가 될 수도 있다. 중요한 것은 자신이 가진 지식을 무조건 총동원하는 것이 아니라, 오히려 그중에서 불필요한 것을 과감히 버릴 수 있는 능력이다. 이른바 '아이디어', 즉 독창적인 사고력은 지능검사로는 측정할 수 없다. 지능검사는 어디까지나 보다 차원이 낮은 일반적인 지능만을 평가하는 도구에 지나지 않기 때문이다.

아이디어는 기존의 논리 과정을 충실히 밟으며 사고를 통합해 나가면 결국 도달하게 되는 종류의 것이 아니다. 그것은 대개 앞뒤 맥락 없이 갑자기 그 사람의 의식 속에 선명하게 떠오르는 것이다. 이러한 '아이디어', 즉 비논리적이며 일종의 '적절한 착상'이라 할 수 있는 사고는, 기계적으로 작동하는 컴퓨터로는 불가능한 작업이다. 인간이 컴퓨터의 주인으로서 뽐낼 수 있는 것은, 이 고차원의 비논리적 사고가 가능하기 때문이다. 그리고 이처럼 선례나 '상식'에 얽매이지 않고 독창적으로 사고할 수 있는 사람이야말로, 사회나 과학을 진보시켜 나가는 주체가 되는 것이다.

독창적 사고를 할 수 있느냐 없느냐는 지능의 높고 낮음에만 좌우되는 것은 아니다. 즉 지능이 매우 높다고 해서 아이디어가 풍부하게 떠오르는 것은 아니다. 콜럼버스의 아메리카 대륙 발견이나 뉴턴의 만유인력 발견 등은 그들의 지능이 높았거나 지식이 풍부했다는 점을 입증하는 사례라기보다는, 오히려 그들의 사고방식이 당시로서는 '비상식적'이었다는 점, 즉 착상의 기발함에 힘입은 것이라고 볼 수 있다.

필자가 아직 젊었을 때, 기초의학 분야의 S 교수님께 지도를 받은 적이 있다. 그때 교수님께서는 이렇게 말씀하셨다.

"연구를 시작하기 전에 문헌 따위는 읽지 말라. 문헌은 실험이 끝난 뒤, 논문을 쓸 단계에서 읽으면 된다."

여기서 말하는 '과학 문헌'이란, 지금까지 해당 분야에서 어떤 연구가 이루어졌고, 현재 어디까지 해명되어 있는지를 알 수 있게 해주는 수많은 논문들을 말한다. 젊은 연구자가 어떤 아이디어를 착안해 그것을 문헌과 대조해 보면, 자신이 생각한 내용이 이미 누군가에 의해 수행되었고 논문으로 발표되었다는 사실을 알게 되어 낙담하기 쉽다.

이처럼 기존의 논문을 아무리 꼼꼼히 읽는다고 해도, 새로운 연구 아이디어가 떠오르는 것은 아니다. 연구란 한 영역에서 처음으로 제시되는 소견이나 새로운 관점이 아니면, 그 가치는 매우 낮다고 말하지 않을 수 없다.

그러나 한편, 연구 경력이 어느 정도 쌓이게 되면, 반대로 지금까지 알고 있다고 여겼던 영역조차도, 실제로는 의외로 해명되지 않은 부분이 많다는 사실을 깨닫게 된다. 즉, 연구력이 일정 수준에 이르면, 눈앞에 아직 손도 대지 않은 넓은 들판이 펼쳐져 있음을 실감하게 되는 것이다. 아이디어는 기존 지식이나 선입관에 구속되지 않을 때 비로소 떠오른다.

"문헌을 아무리 섭렵한들 아이디어와는 연결되지 않는다. 아이디어는 선입관이 없는 곳에서만 태어난다. 아이디어야말로 연구의 생명이다."

이것이 바로 S 교수님의 가르침이었다.

지능과 성격

지능검사에서 도사라고 불릴 만큼 잔재간이 뛰어난 사람이, 실제로 지능은 높음에도 불구하고 현실 사회에서 큰 성과를 이루지 못하는 이유는 무엇일까? 그것은 재능이 너무 많아 관심이 끊임없이 다른 대상으로 옮겨가기 쉽고, 집중력이 분산되어 한 가지 일에 꾸준히 몰두하지 못하기 때문이다.

현대 사회는 기술과 지식이 고도로 발전해 있기 때문에, 어떤 일이든 그때그때의 형편에 따라 단번에 해결할 수 있는 것이 아니다. 어느 정도의 지능이 뒷받침되는 것은 물론, 끈기 있게 일을 지속하지 않으면 끝맺음을 할 수 없다. 즉, 무엇보다도 충분한 집중력이 요구된다. "계속은 힘이다"라는 말은, 지능을 실제로 활용할 수 있느냐 없느냐의 문제에도 그대로 적용된다.

또한 지능이 있다고 해서 한 가지 일에 집중하는 것만으로는 충분하지 않다. 일에 임할 때는 세심한 배려와 함께, 사물을 넓은 시야로 파악하는 결단력이 반드시 요구된다. 차분하고도 능숙하게 점검해 나가되, 그 과정에서 중요하지 않은 것은 과감히 버리고, 가장 핵심적인 요소만을 선택해 사물의 본질을 간파해야 한다. 결국 최종 단계에서는 단호한 결단이 필요하다.

세밀한 작업을 추진하면서도 '이것도 중요하다, 저것도 무시할 수 없다'는 식으로 끝없이 망설이는 사람은, 사물의 전체 구조, 즉 산과 골짜기를 보지 못하기 때문에, 결국 아무 일도 제대로 마무리하지 못한다. 어떤 사안의 본질을 제대로 파악할 수 있느냐 없느냐는, 단순히 많은 정보를 가지고 있느냐가 아니라, 중요하지 않은 정보를 과감히 걸러낼 수 있는 안목과 결단력에 달려 있다.

동시에 큰 그릇이 될 사람은 잔재주꾼과는 대조적으로 단순히 지능만 높은 것이 아니라, 강인하고 다소 둔중(鈍重)한 성격의 소유자임을 알 수 있다. 성공하기 위해서는 경박해서는 안 되며, 흔히 말하듯 '운(運)과 둔중성, 그리고 끈기'가 중요하다. 즉, 다소 둔하고 느릿하더라도 꾸준함과 인내심을 지닌 사람이 결국에는 성과를 이룬다.

우리는 "운이 없었기 때문에 성공하지 못했다"는 말을 자주 듣곤 한다. 그러나 어느 정도의 지능이 있고 둔중성과 끈기를 바탕으로 날마다 노력하고 있다면, 운은 누구에게나 반드시 찾아오는 법이다. 운이란 그 사람이 가지고 있지 않아도 외부에서 저절로 찾아오는 것이라 한다. 약삭빠르게 잔재간을 부리는 잔재주꾼보다, 차라리 묵묵히 재간을 부리지 않는 사람이야말로, 언젠가 예고도 없이 운이 찾아오기 쉬운 것 같다.

지능은 웬만큼 있는데도 일이 잘 풀리지 않는다고 불운을 탓하기보다는, 기대하지 않고 자기 본분을 지키며 부지런히 일하고 기다리는 편이 나을 것이다. 웬만한 일이 생기더라도 서둘러 결론을 내리려 하지 말고, '어떻게든 되겠지' 하고 마음을 다잡고 있으면, 인생은 인생은 어느 순간 의외로 좋은 방향으로 전개되기도 한다. 그러나 둔중함과 끈기로 채워진 나날을 보내지 않는다면, 진정한 운은 찾아오지 않을 것이다. 결국 지능의 유무만으로 인생의 모든 일이 결정되는 것은 아니다. 인생이란 그토록 단순한 것이 아니며, 결코 함부로 내던질 수 있는 것이 아니라는 것이 필자의 실감이다.

지능과 노력

과학 연구, 산업, 예능과 같은 분야에서 오랜 시간에 걸쳐 뛰어난 능력을 발휘하며 활약해 온 사람들을 보면, 그들이 단지 지능이나 재능이 뛰어난 천성을 지녔기 때문만은 아니라는 사실에 새삼 놀라게 된다. 그들은 자신의 활동을 지속하고 더욱 발전시키기 위해 주변 사람들에 대한 세심한 배려는 물론, 실로 지치지 않는 노력을 기울이고 있다는 점이 두드러진다.

어떤 희극배우는 한 인터뷰에서 "손님으로부터 건방지다는 오해를 받지 않게 일본옷을 입을 때는 팔목시계를 차지 않는다"고 말한 바 있다. 또한 극장에 드나들 때도 무대 뒤에서 일하는 사람들에게까지 매우 공손하게 인사하는 모습을 보면 오히려 의외라는 인상마저 준다. 문필가만 하더라도 독자에게 대한 배려는 물론, 출판사나 편집자에게도 깊이 마음을 쓰고 있다고 한다.

세상 사람들은 흔히, 유명한 탤런트나 작가가 타고난 천부적인 재능으로 매스컴 등에서 군림하며, 건방진 태도로 원고를 건네거나, 출연을 마치 꺼리는 듯이 재다가 승낙하는 식이라고 생각할지도 모른다. 그러나 실제로 그런 태도를 보이다가는 아무리 뛰어난 재능을 지닌 문필가나 예능인이라 해도 업계에서 배척당하고 만다.

실제로 전국적으로는 유명한 탤런트나 인기 작가와 맞먹거나 더 뛰어난 재능을 지닌 사람들이 적지 않다. 그럼에도 이들 무명의 인사들은 단지 세상의 주목을 받지 못하고 있을 뿐이며, 그와 비슷한 재능을 지닌 극히 일부만이 화려한 각광을 받고 있는 셈이다.

이런 현상은 위에서 말한 운에 관한 논의를 잠시 접어두더라도, 단순히 재능만의 문제가 아니라, 그 사람의 인품에 따라 활약의 무대가 주어지고 있는 것이라고도 볼 수 있을 것이다. 여기서 말하는 인품이란 관계자의 입장을 성심성의껏 존중하는 태도, 다시 말해 실제적인 측면에서 결코 상대에게 손해를 끼치지 않는 '기브 앤드 테이크(give and take)'의 정신을 의미한다고 할 수 있다.

지능이나 재능 자체는 선천적인 소질에 크게 의존하기 때문에, 아무리 노력을 해도 그것이 눈에 띄게 향상되지는 않는다. 그러나 지능이나 재능을 발휘할 터전을 마련하고 그것을 유지할 수 있느냐 없느냐는, 결국 그 사람의 마음가짐과 노력에 따라 결정되는 부분이 크다. 물론 이러한 사교적인 측면뿐 아니라 자신의 천부적 소질을 끊임없이 갈고닦으며 피나는 노력과 정진을 꾀하고 있는 이들도 적지 않다.

한편, "머리는 좋지 않더라도 그 몫을 노력으로 메워라"라는 말이 있다. 하지만 '노력한다'는 것도 지능과 마찬가지로 타고나는 자질 중 하나라고 여겨지기 때문에, 누구나 노력하겠다고 마음먹는다고 해서 실제로 노력할 수 있는 것은 아니다. 그러나 지능과는 또 다른 자질인 노력으로 도전하려는 자세는 성공의 기회를 더욱 넓혀주는 것이므로, 목표를 향해 "노력하자"고 다짐하는 것은 분명 중요한 격려가 될 것이다.

지능과 재능

그러면 이제까지 언급한 내용을 정리하면서, 지능과 재능의 관계 및 그것들이 발휘되는 메커니즘에 대해 〈그림 28〉을 참고하여 살펴보도록 하자.

지능이란 이 책의 서두에서 정의했듯이, 인간이 자신이 처한 상황에서 잘 살아가기 위해 발휘하는 판단력이다. 한편 지능과는 별도로 인간에게는 음악, 그림, 각종 스포츠 등 특정 분야에서 특히 재능이 뛰어난 사람들이 있다. 이들 재능은 지능과 마찬가지로 선천적으로 타고난 소질이라고 여겨진다. 왜 선천적인 소질에 의한 것이라고 생각되는가 하면, 재능이 없는 사람이 아무리 노력해도 일류 음악가가 되거나, 프로 야구 선수가 되는 일은 좀처럼 상상하기 어렵기 때문이다. 그러나 이처럼 특정 분야에 대한 재능이 풍부하다는 것과 지능이 유별나게 높다는 것과는 반드시 일치하지 않는다. 이는 뛰어난 예술 작품을 남긴 예술가나 세계 기록을 보유한 운동선수들이 모두 높은 지능의 소유자는 아니었다는 사실에서 알 수 있다.

반대로 지능이 높은 사람이 음악을 연주하거나, 그림을 그리거나, 스포츠를 하는 데에는 전혀 능력이 없는 경우도 자주 볼 수 있다. 물론 재능이 발휘되기 위해 높은 지능이 요구되는 분야도 분명히 존재한다. 예를 들어 시대 고증(時代考證)이나 사실 추구(史實追求)의 정확성이 요구되는 대하 역사소설의 작가라든가, 고도의 과학이나 경제문제 등을 다루는 논픽션 작가 등이 이에 해당하지 않을까? 그래서 재능과 지능은 〈그림 28〉에서 보이듯이, 일부가 겹쳐지는 두 개의 원으로 나타낼 수 있을 것이라고

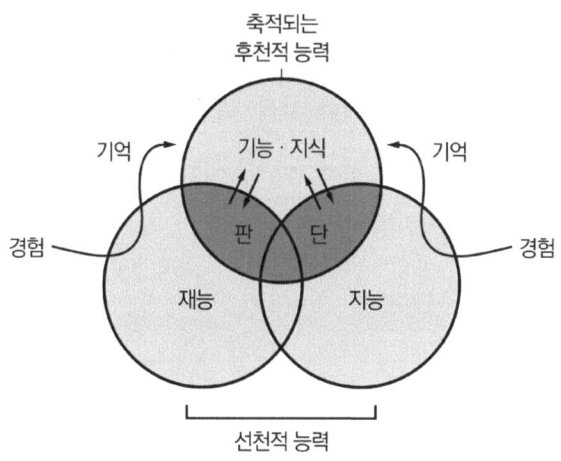

그림 28 | 지능과 재능의 관계 및 그것들이 발휘되는 메커니즘

생각된다.

　그런데 아무리 천부적인 지능이나 재능이 있다 하더라도, 그것을 스스로 노력해 연마하지 않으면 지능이나 재능은 구체적인 형태로 나타나지 않는다. 즉 외부 세계의 경험을 천부적인 지능이나 재능을 바탕으로 자기 것으로 만들어 나가야만 비로소 훌륭한 기능이나 지식으로 축적되어 가는 것이다. 즉 지능과 재능이 발휘되기 위해서는, 끊임없이 외부 사물을 경험하고 그것을 두뇌와 몸에 기억시켜 실력을 쌓아갈 필요가 있다.

　한편, 기능이나 지식이 어느 수준 이상에 도달하게 되면, 이를 바탕으로 자신의 지능이나 재능을 보다 효율적으로 동원할 수 있게 되고, 그에 따라 외부 사물에 대한 판단력도 한층 더 연마되어 간다. 그러나 단지 '경험이 있다'는 사실만으로는 올바른 판단이 가능하다고 할 수는 없다. 마찬가지로, 지능이나 재능이 있다고 해서 그것만으로 정확한 판단을 할 수 있는 것도 아니다.

　후천적으로 축적된 기능이나 지식, 즉 '경험의 집적'이 지능이나 재능과 결합할 때에 비로소 판단은 제대로 목표를 겨냥하게 되며, 그 사람의 능력 또한 최대한으로 발휘될 수 있다.

4장

성적이 좋은 아이는 지능도 높은가?

학교 성적과 지능은
어떤 관계가 있을까?   1

고교 시절의 경험에서

일본에서는 1930년대 전후에 태어난 세대를 중심으로, 대학 입시의 전초 단계로서 전국 공통의 '진학 적성검사'가 시행되었다. 이 검사는 지망 대학에 지원할 수 있는 능력을 판정하기 위한 일종의 기준 역할을 했으며, 당시 많은 학생들이 이를 통해 자신의 진학 가능성을 가늠하곤 했다.

이것은 지능검사와 유사한 집단 테스트였으며, 필자도 그 검사를 받은 경험이 있다. 이미 30년 전의 일이라서 정확한 문제 내용을 모두 기억하긴 어렵지만, 예를 들어 (1)침팬지, (2)곤돌, (3)라이온, (4)망토 비비, (5)고래 중에서 공통성이 없는 것은 몇 번째인지, 제시된 격자 도형 속에 정사각형이 몇 개 들어 있는지를 묻는 시각적 사고 문제도 출제되었으며, 이러한 문제들을 제한된 시간 내에 푸는 방식이었다. 고등학교 2년이나 3학년이 되면 이 검사를 대비하기 위한 모의시험이 실시되었고, 『진학 적성검사의 경향과 대책』 같은 참고서도 시중에서 판매되고 있었다.

그런데 고등학생이던 우리 사이에서는 진학 적성검사의 모의시험 점수와 평소의 학과 성적이 반드시 일치하지 않는다는 사실을 알게 되었다. 즉 영어, 수학, 과학, 사회 등 일반 과목의 실력 모의시험에서는 고득

점을 기록하지 못하던 학생 중에도, 진학 적성검사에서는 거의 모든 문제를 완벽히 풀어내는 특기형 학생이 소수지만 분명히 있었다. 반대로 학과 모의시험에서는 늘 최상위권을 차지하던 수재가, 적성검사에서는 뜻밖에도 하위권에 가까운 점수를 얻는 경우도 있었다.

엄밀히 말하자면, 필자에게는 진학 적성검사가 지능검사와 같은 것인지 어떤지를 단언할 자신은 없다. 다만, 두 검사는 상당히 유사한 성격을 지니고 있었다고 생각된다. 그리고 진학 적성검사를 준비하던 우리 고등학생들이 알게 된 사실은, 이런 종류의 테스트는 공부를 해도 큰 효과를 보기 어렵다는 점이었다. 물론 문제집을 풀다 보면 출제 유형이 있음을 알 수 있고, 그 유형에 익숙해지는 것이 어느 정도 도움이 되긴 한다. 하지만 진학 적성검사에서 높은 점수를 얻기 위해서는 재치나 직감 같은 천부적인 능력이 필요하다는 느낌도 들었다. 아무리 연습해도 향상되지 않는 시험이라는 것을 알고 나서, 한동안 속이 상했던 기억이 지금도 남아 있다.

이에 비해 영어나 사회 같은 과목은 공부를 하면 어느 정도 실력이 붙고, 그만큼 성적도 좋아진다. 즉 학과시험의 준비한 만큼 결과로 나타난다는 점에서, 노력에 대한 반응이 있다는 것을 실감할 수 있었다. 그렇다면 학교 성적과 지능 사이에는 어떤 관계가 있을까? 이제 그 점을 좀 더 깊이 생각해 보기로 하자.

학교 성적과 지능

지능검사는 본래 지식의 많고 적음을 평가하는 것이 아니라 문제를 해결하는 기본적인 능력을 측정하는 데 목적이 있다. 즉, 이러한 검사를 통해 한 개인의 지능 수준을 가늠할 수 있다고 여겨진다. 한편, 학교 성적은 지능 수준과 일정 부분 관련이 있긴 하지만, 지식의 축적이나 암기력처럼 노력에 의존하는 요소가 더 큰 비중을 차지하고 있음을 알 수 있다.

지능검사는 아무리 연습을 해도 실력 향상에 큰 효과를 보기 어려운, 일종의 한판 승부라고 할 수 있다. 그러나 학교 성적은 대부분의 과목에서 학습량에 비례하는 경향이 강하다. 따라서 아무리 지능이 높은 사람이라도 공부하지 않고 시험을 본다면, 좋은 성적을 기대하기는 어렵다.

물론 지능과 학교 성적 사이에 전혀 관계가 없다고는 말할 수 없다. 과목에 따라 그 관련성의 정도에는 차이가 있다. 이를테면 수학이나 영문법과 같은 과목은 지능 수준이 높을수록 성적이 비례해 오르기 쉬운 경향이 있다고 생각된다. 반면, 실기 중심의 수업에서는 지능과 성적 사이에 뚜렷한 상관관계가 없다는 보고도 있다. 이러한 점에서 볼 때, 학교 성적은 과연 무엇에 의해 좌우되는 것인지 좀 더 자세히 살펴볼 필요가 있다.

학교 성적을 결정하는 요인

일반적으로 지능이 높은 사람이 학교에서 좋은 성적을 얻는 데 유리하다고 말할 수 있다. 그러나 앞서 언급했듯이 재치나 잔재간은 있어도 크게 성공하지 못하는 사람, 또는 진학 적성검사의 도사로 불릴 만큼 높은 점수를 받아도 학업 성적은 기대에 못 미치는 사람의 사례를 보면, 지능이 높다고 해서 반드시 뛰어난 성과를 거두는 것은 아니라는 사실을 알 수 있다. 즉, 높은 지능은 좋은 성적을 위한 필요조건이 될 수는 있지만, 그것만으로 충분조건이 되지는 않는다. 결국, 지능 외에도 학업 성취에 영향을 주는 다양한 조건들이 필요하다는 것을 보여준다.

지능이 높다는 것 외에도, 근면성이나 집중력, 지속성 등은 학교 성적을 올리기 위해서는 필수적인 조건이다. 특히 학교 공부에서 중요한 것은 지식을 꾸준히 축적해 나가는 일이며, 이를 위해서는 평소에 끈기 있게 학습에 임하는 자세가 반드시 필요하다.

한편, 이처럼 목표를 정하고 끈기 있게 노력하며 부지런히 공부를 계속하기 위해서는 그 바탕에 일정한 성격적 특성이 필요하다. 그러한 성격이란 바로 일정 수준의 내향성이다. 외향적인 사람은 다양한 외부 자극에 쉽게 주의를 빼앗기고, 사교성이 지나치게 좋아서 한 가지 일에만 집중하기 어려워 공부에 적합하지 않은 경향이 있다. 반대로 학력이 높은 사람들 가운데 무뚝뚝하거나 다소 신경질적인 성향을 지닌 이들이 많은 것도, 이러한 이유에서 비롯된 것이라 볼 수 있다.

이미 살펴봤듯이, 학교 성적과 지능과는 어느 정도 관련이 있는 것이 사실이다. 하지만 학교 성적은 지능만큼 유전적 요인에 의해 결정되는 것은 아니다. 오히려 학교 성적은 지능보다 훨씬 더 환경의 영향을 받기 쉬운 것을 알 수 있다. 예를 들어 가정환경이 아이들의 학습에 적합한지 아닌지는 학교 성적을 좌우하는 중요한 조건 중 하나이다. 또한 교사와의 성격이 잘 맞는지 여부도 학생이 그 과목에 흥미를 느끼고 좋은 성적을 거둘 수 있을지를 결정짓는 중요한 요인임이, 경험적으로도 잘 알려져 있다.

공부를 좋아하는 아이로 만들려면

아이가 어떤 과목을 잘 이해할 수 있는지는, 학습 내용을 자기만의 학습 방법에 맞게 재구성할 수 있느냐에 달려 있다. 즉 아무 뜻도 모른 채 무작정 외우는 식의 학습으로는 안 되며, 공부한 내용을 자기 자신의 말로 바꿔 표현할 수 있어야 비로소 진정한 이해에 도달할 수 있다.

아이들의 학습 방법을 지켜보면, 이해하고 있는 아이는 각자 자신만의 방식으로 문제를 재구성해 받아들이고 있다는 점을 알 수 있다. 지나치게 자기 방식으로 해석하다가 잘못 이해하는 경우는 피해야겠지만, 교사나 부모는 아이들이 각기 다른 방식으로 이해하는 과정 속에서 개성을 인정해 주는 태도를 갖는 것이 우선 중요하다.

현재의 학습 내용이 아이에게 아직 이해하기 어려운 것처럼 보인다면, 보다 기초적이고 쉬운 문제로 되돌아가 다시 공부하도록 돕는 것이 오히려 지름길이 될 수 있다. 이때 어른은 조급하게 서두르지 말고 아이가 차분히 기초를 다질 수 있도록 지원해 줘야 한다. 쉬운 과제부터 시작해 아이가 성공 경험을 쌓아갈 수 있도록 돕는 것은, 자신감을 회복시키는 매우 효과적이다. 학습에 있어서는 이러한 좋은 순환이 회전되어 가도록 다루어 나가는 것이 매우 중요하다.

그러기 위해서는 어떤 과목이든 상관없이, 우선 아이가 장기라고 믿을 수 있을 만한 점을 하나 발견할 수 있도록 유도하고, 그것을 꾸준히 칭찬하며 날마다 그와 씨름하게 마음을 일깨워 주는 것이 중요하다. 어떤 아이든 학급에서 자랑할 만한 장기를 하나쯤은 지니고 있기 마련이다. 아이의 그러한 가능성을 인정하고 격려해 주는 것, 바로 그 태도가 특히 중요하다.

아이에게 이처럼 자신의 존재감을 갖게 해주는 것이 교육에서 가장 중요한 과제가 아닐까. 공부를 못한다고 꾸짖거나 핀잔만 주어서는 좋아질 턱이 없다. '나도 하면 된다'는 마음을 아이에게 길러주는 것이 부모나 교사가 해야 할 제일 필요한 일이라고 생각한다.

아이의 능력을 파악하라

인간은 본질적으로 자신의 기준으로밖에 타인을 평가할 수 없다는 사실을 우리는 좀 더 자각할 필요가 있다. 즉 다른 사람을 어떻게 평가했는가는 반드시 그 사람이 지닌 실태 그대로를 반영한 것이라고는 할 수 없다. 오히려 그 평가는 종종 상대의 실태를 넘어서는 평가가 되기도 하며, 그 속에는 평가한 사람 자신의 안목이나 능력, 때로는 인격까지도 드러나는 경우가 있다.

교육의 세계에서 교사는 필연적으로 자신의 능력과 기준에 따라 아이를 관찰할 수밖에 없다. 아이의 성적은 어느 한 면에서는 교사의 능력을 그대로 반영하는 결과일 수 있다는 사실도 우리가 분명히 인식할 필요가 있다.

고교까지의
학업 성적과 지능   2

성적의 상승형과 하강형

지금까지 살펴보았듯이, 학교 성적은 아이의 지능과 밀접하지는 않지만, 어느 정도의 관련이 없다고 말할 수 없으며, 또한 환경으로부터는 지능 이상의 영향을 받는다는 사실을 알았다. 그런데 공부를 잘하는 아이는 처음부터 학교를 졸업할 때까지 줄곧 성적이 좋고, 못한 아이는 끝까지 성적이 낮은 채로 학교교육을 마치게 되는 것일까? 물론 이처럼 성적이 고정된 아이들도 있기는 하다.

그러나 주목할 만한 현상으로, 초등학교 때는 아주 성적이 좋던 아이가 중학교, 고등학교로 진학함에 따라 여전히 공부는 열심히 하는데도 성적이 자꾸 떨어지는 예가 의외로 많다. 반대로 초등학교 시절에는 별로 눈에 띄지 않던 아이가 중학생이 되자 갑자기 두각을 나타내어, 고등학교에서는 그 지방에서도 드물게 볼 수 있는 수재가 되는 경우도 있다. 어째서 이런 일이 일어나는 것일까?

타고난 지능 자체는 일생 동안 거의 바뀌지 않는다고 말하지만, 그 지능의 발휘 형태인 학교 성적은 결코 고정적인 것이 아니며 유동적인 경우가 있음을 알 수 있다. 지능 자체가 낮아진 것도, 높아진 것도 아니고 가정환경이 특별히 좋아지거나 나빠졌다고도 할 수 없으며, 본인도 부지런히 공부에 열중하고 있다. 그런데도 학교 성적이 이렇게 오르락내리락하는 이유는, 지능이나 환경만으로는 설명할 수 없는 인간의 생물학적인 특성, 즉 '지적 능력 발휘의 연령적 소장(消長)'에 따른 현상이라고 생각된다.

이미 "지능에는 그것이 최대한으로 발휘되는 연령기가 있으며, 그 시기는 사람마다 다른 것 같다"고 말한 바 있다. 본인도 꾸준히 노력하고 있고, 가정환경에도 변화가 없는데도, 초등학교에서는 잘하던 아이가 중학교나 고등학교에 진학하면서 성적이 부진해지는 것은, 지능이 최대한으로 발휘되는 연령기가 초등학교 시절에 이미 지나갔기 때문일 수 있다. 반대로 초등학교 때는 그다지 두각을 나타내지 못하던 아이가 중학교, 고등학교에 이르러 눈부시게 성적이 향상되는 경우도 있다. 이 경우는, 그 시기에 이르러서야 비로소 지능의 최대 발휘 연령기에 접어든 것으로 해석할 수 있다.

이와 같은 '지능의 최대한 발휘 연령기'는 아마도 인간의 본성에 바탕하는 생물학적인 메커니즘에 의하는 것이라고 생각된다. 이 연령기는 일생을 통해서 초등학교나 중학교, 고등학교의 어느 시기에 한 번만 오는 것이 아니라, 앞에서 말했듯이 초등학교 때에 왔다가 그 후 오랫동안 사라졌다가는 20대 중반이라든지, 또는 30대를 지나서 다시 찾아오는 일도 있는 것 같다.

초등학교에서의 성적

초등학교 때 성적이 좋다고 해서, 중학교나 고등학교에서도 성적이 좋을 것이라고 보장할 수는 없다는 점은 이미 말한 바 있다. 그렇다면 초등학교 시절 아이의 성적은 어떻게 결정되는 것일까?

아이는 누구나 첫 교육을 받기 전에는 자신이 공부를 좋아하는지, 싫어하는지를 알지 못한다. 학교에 다니게 되고 어느 정도 기간이 지난 뒤에야 자신이 급우들 가운데서 공부를 잘하는 편에 속하는지, 못하는 편에 속하는지를 알게 된다. 이때 시험에서 좋은 점수를 받은 성공 경험이 있다면, 그것이 공부하려는 의욕과 연결되기 쉽고, 교사나 가족의 칭찬도 큰 영향을 준다. 이와 같은 좋은 조건에 놓인 아이는 초등학교 시절에 우등생으로 되는 경우가 많다.

반대로 성적이 좋지 못하고 교사나 가족으로부터도 별다른 평가를 받지 못하게 되면 아이는 자신이 공부를 못하는 것으로 믿게 된다. 그러나 후자와 같은 아이 중에서도 나중에 고등학교나 대학교에 이르러 탁월한 지능을 발휘하는 사람이 나타나는 경우가 있다.

그런데 초등학생 시기의 공부는 간단한 패턴을 재치 있게 기억하는 아이가 좋은 성적을 거두는 경향이 있는 것 같다. 쓸데없이 깊이 있는 내용에 의문을 갖지 않고, 웬만한 정도로 알았다고 처리해 버리는 두뇌의 소유자가 초등학교의 우등생이 되는 경우가 많다.

그다지 높지 않은 평균 수준의 지능이 오히려 좋은 성적을 얻는 경우가 있으며, 지능이 아주 높은 아이는 학습 도중에 의문을 품기 쉽다. 더

구나 그 의문을 말로 충분히 설명할 만큼의 표현력이 따라주지 않을 경우, 교사로부터 이해도가 낮은 아이라는 평가를 받기 쉽다.

초등학생이라도 지능이 높고 감수성이 예민한 아이는 교과 내용에 예리한 의문을 품는다. 그렇다면 문제는 그 아이의 내면을 부모나 교사가 과연 정확하게 인지할 수 있는 능력을 갖추고 있으냐 없느냐에 달려 있다. 이처럼 부모나 교사의 눈에 문제아처럼 보였던 아이가 중학교나 고등학교에 들어가 우수한 성적을 거두는 경우도 있을 것이다. 아인슈타인도 에디슨도 초등학교 시절에는 교사로부터 열등생으로 평가받고 있었다.

중학교, 고등학교에서의 성적

초등학교 때와는 달리 중학교나 고등학교에서의 성적이 본인이나 부모에게 심각한 문제가 되는 이유는 입시를 앞두고 있기 때문이다. 이처럼 중요한 시기에 지능의 최대 발휘 연령기가 일치하지 않으면, 학교 성적은 물론 입시 성적도 만족할 만한 수준에 이르기 어렵다. 한편, 아이에 따라서는 때마침 이 시기에 지능이 가장 잘 발휘되는 시기가 찾아와, 일약 '다크호스'로 떠오르는 경우도 있다.

중학생은 3학년 2학기의 시험이나 모의고사 결과를 바탕으로 진학할 고등학교를 본인과 부모, 담임교사의 삼자 면담을 통해 결정하게 된다. 학교 측은 중학교 졸업만으로 진학이 끝나는 불합격자를 최대한 줄이려 하므로, 고교 선택 과정에 적극적으로 개입하는 경향이 있다. 공부를 꽤 잘하는 아이일 경우는 유명 대학으로의 진학률이 높은 고등학교에 들어가려 한다. 이때 편차값이 중요한 판단 기준으로 작용하게 된다.

그러나 편차값이 높은 아이가 순차적으로 유명 진학교를 지망하는 것만은 아니다. 그중에는 성적이 우수하면서도 '고교에 들어가면 수험 공부뿐만 아니라 스포츠도 하고 싶다'고 하여 대학 진학률이 높은 고등학교를 오히려 기피하는 경우도 있다. 더구나 들어간 고등학교가 꼭 유명한 곳은 아니지만, 그 학교에서 가장 입학하기 어렵다고 일컬어지는 일류 대학의, 그것도 가장 난이도가 높은 학부에 예정대로 진학하는 아이도 있다. 더 극단적인 예로는 아예 고등학교에 진학하지 않고, 대학 입학 검정고시를 통해 대학에 진학하는 아이도 극소수이지만 존재한다.

그러나 대부분의 경우, 중학교 때부터 웬만한 고등학교에 진학하려고 부모도 아이도 함께 노력한다. 일본의 경우, 전통 있는 공립 고등학교에 들어가려면, 내신성적이 전 과목에 걸쳐 고르게 우수해야 한다. 아무리 영어, 수학, 국어, 과학, 사회에서 모두 5단계 평가에서 5점을 받았다고 하더라도, 체육이나 음악 등에서 1점밖에 안 되면 공립 고등학교 입학이 불가능하다. 이 때문에 대학 입시와는 직접적인 관련이 없는 과목의 성적을 입시에 반영하지 않는 사립 중·고등학교가 나타나, 체육을 싫어하는 수재를 적극적으로 입학시키는 현상도 일어나고 있다.

진학률이 높은 유명 고등학교에 들어갔다고 해서 모든 학생이 일류 대학에 입학할 수 있는 것은 아니다. 한편, 진학률이 화려하지 않은 착실한 고등학교 출신자들 가운데서도, 소수지만 어려운 일류 대학에 합격하고 있다. 그 이유는 앞서 말했듯이 일부 우수한 학생들이 의도적으로 무명 고등학교를 선택해 진학하는 경우가 있다는 점, 또 하나는 중학교나 고등학교 시기에도 지능이 최대한 발휘되는 연령기가 작용하고 있기 때문이다. 즉 중학교를 마칠 무렵 지능이 가장 활발히 발휘되는 시기를 지나고, 고등학교에 입학한 이후에는 그 시기가 끝나버린 아이가 있는가 하면, 고등학교에 들어간 이후 비로소 그 연령기에 도달해 성적이 급상승하는 아이도 있기 때문이다.

다음에는 중학교나 고등학교에 들어간 후의 중요한 학습 방법에 대해 살펴보기로 하자. 이미 설명한 바 있지만, 중학교나 고등학교에서는 자기에게 맞는 학습 방법을 발견하는 일이 더욱 필요해진다. 교과 내용을 그대로 받아들이는 것이 아니라, 그것을 분해하고 재구성해 자신만의 독특한 이해 방식과 기억 방법으로 개조해 나가는 일이 중요하다. 이와 같은 자기만의 학습 방법을 만들어 내고, 그것을 착실히 몸에 익힌 아이는 어떠한 시험에서도 좋은 성적을 거두게 된다.

이 방법을 스스로 찾아내 능률적으로 공부하지 않으면, 일상 수업에서도 따라가지 못할뿐더러 대학 입시에도 자신감을 갖기 어려울 것이다. 성적이 두드러지게 뛰어난 아이는 이렇게 해서 아주 재치 있고 정력적으로 공부하고 있다. 지능지수 자체는 거의 차이가 없는 두 아이 사이에서 학습 성과에 큰 격차가 생기는 것은, 자기만의 학습요령과 방법을 터득했느냐 그렇지 못했느냐는 초기의 아주 작은 차이에서 비롯되는 경우가 많다.

대학 입학과 졸업 이후를
둘러싼 문제　　　　　　　　　　3

입학하는 대학으로 일생이 결정되는 것은 아니다

고등학생이나 현재 재수 중인 사람에게는, 어느 대학, 어느 학부를 지망해야 할지는 매우 절실한 문제일 것이다. 대부분의 사람들은 이 문제를 두고 여러 가지로 생각하고 있을 것이며, 가능하다면 보다 이름난 일류 대학, 보다 인기 있는 학과에 들어가기를 희망하고 있다.

그렇게 소망하는 것은 그렇게 하는 것이 장차 사회적 평가가 높은 회사나 관공서에 취직할 가능성을 높이고, 결과적으로 신분 상승으로 이어지는 좋은 환경에서 일생을 보낼 수 있으리라고 생각되기 때문이다. 그러나 오늘날의 사회나 직업 세계의 실태는 과연 이러한 기대에 부응하는 구조로 되어 있는 것일까?

예전에 다음과 같은 조사를 실시한 교수가 있었다.

수도권에 위치한, 일본에서도 가장 오랜 전통을 지닌 A국립대학 경제학부와 지방에 있으면서도 전국적으로는 거의 알려지지 않은 B사립대학 경제학부를 대상으로, 어느 특정 연도 졸업생들이 졸업 후 20년이 지난 시점에서 어떤 직장에 다니고 있으며, 그 안에서 어떤 지위에 있는지를 전수 조사해 비교한 적이 있었다.

그 조사 결과, A대학과 B대학 사이에는 취업한 기업의 수준이나 사내 지위에서 거의 차이가 없다는 사실이 드러났다. 즉 난관이라 불리는 일류 대학에 들어갔다고 해서 다른 대학에 입학한 사람과 비교해 특별히 취업에 유리하거나 출세가 빠른 것도 아니었고, 반대로 무명에 가까운 대학을 졸업했다고 해서 일류 대학 출신과 비교해 눈에 띄게 불리한 점이 있는 것도 아니었다는 결론이 나왔다.

한편, 학부의 선택에 대해서는 어떠할까? 학부는 장래의 직업과 비교적 밀접한 관련이 있기 때문에 자신의 적성이나 희망을 신중히 고려할 필요가 있다. 그런데 대학 입학 지망자는 사회의 동향 등을 바탕으로 마치 인기주나 유망 성장주를 고르듯 학부를 선택하려는 경향이 강하다. 그러나 기업별 경기나 사회적 인기 같은 시대적 흐름은, 예상조차 할 수 없을 만큼 크게 변동하기 마련이다.

이를테면 일본의 경우, 1945년대 후반에는 섬유 분야 기업의 경기가 매우 좋았다. 그러나 그것도 오래가지 못하고, 그다음에는 제철, 조선 등의 중공업이, 그 뒤를 이어 자동차 산업이 융성기를 맞이했다. 하지만 지금은 제철이나 조선 산업의 인기가 떨어진 상태이다. 이에 반해 최근 몇 해 동안은 고등학교에서 성적 뛰어나면 의학부에 진학하려는 학생이 늘어났으며, 본인은 물론 주위에서도 그렇게 권유하는 경우가 많다고 들었다.

필자도 의학부 출신이지만, 필자가 입학했던 1945년대에는 의학부에 진학하는 학생이 특별히 공부를 잘하는 학생인 경우는 드물었다. 지금은 의사도 과잉시대를 맞이하고 있어, 의학부의 인기도 예전만큼 높지는 않다고들 말한다.

이와 같이 어떤 직종이나 어떤 기업이라도 20년 이상 계속해서 번창하거나 융성하는 일은 거의 없다. 대학의 특정 학부의 높은 인기도 몇 해 지나지 않아 시들해진다. 그런 번영 기간은 그 사람이 사회인으로서 살아갈 연수에 견주어 본다면 오히려 짤막한 기간이라고 할 수 있다. 인기가 절정일 때, 자신도 그 직업을 가지겠다고 생각해 그에 맞는 학과를 선택했다가는, 졸업할 무렵에는 그 분야의 인기가 이미 사라져 버렸을지도 모른다. 따라서 자신의 성적이 높다는 이유만으로 학과를 선택하는 것은 상당히 신중하게 고려하지 않으면 안 된다.

10년 후, 20년 후에 어떤 직업이 유망할 것인가를 예측하는 일은, 주식시장의 시세 변동과도 같아서 전문가조차도 맞추지 못하는 경우가 많다. 더구나 우량업종의 우량기업이 번영하는 동안은, 거기에 있을 자신도 안정된 신분과 태평일 수 있을 것이라는 보장은 없다. 앞에서도 말했듯이 어른이라고 한들 지능의 최대한 발휘 연령기가 지나가면, 융성기에 있는 회사 내에서도 자신이 발휘할 능력은 점점 시들어 간다.

수험 경쟁 승리자의 낙제

대학 입시는 가혹한 시험문제를 많이 부과하고, 겹겹이 관문을 세워 입학 지망자를 조사하고 가려내는 것이므로 이를 통과한 합격자는 지능도 높고 생명력도 왕성한 젊은 사람들일 것이다. 그러나 입학시험의 내용에다 비교한다면 그다지 어렵다고는 할 수 없는 대학 공부를 따라가지 못하는 학생들이, 어느 대학에서나 해마다 많이 발생하고 있는 것은 과연 무엇 때문일까?

본인도 가족도 입학하기 전에는 그런 상황이 되리라고는 전혀 예상하지 못했으며, 학생을 지도하는 일부러 기말시험을 통해 떨어뜨리려는 가학적인 의도를 가지고 있는 것도 아니다. 오히려 과거의 대학교육에 비교해 보면, 훨씬 더 간곡하고 친절한 방식으로 교육이 이루어지고 있다.

중학교에 입학한 이후, 대학에 합격하기까지 몇 해 동안을 밤낮없이 공부에만 힘써 온 수재들이므로, 입학 후에는 잠시 숨을 돌려보자는 생각이 들거나, "이것이 꿈에서까지 그리던 대학생활의 현실인가" 하고 실망해, 공부조차 하기 싫어졌다고 말하는 1~2년간의 공백기에 해당한다면, 그것은 언젠가는 반드시 회복되는 시기이므로, 긴 안목으로 지켜보는 것이 바람직하다.

그러나 본인은 초조하게 공부를 이어가고 있음에도, 웬일인지 머리에 잘 들어오지 않고, 아무래도 헛바퀴만 도는 듯한 예를 보는 수가 있다. 이는 입시 때까지는 지능의 최대한 발휘 연령기가 계속되었지만, 합격 이후 그 시기가 사라져 버린 것으로밖에는 설명할 길이 없다. 물론 지능 자체가 떨어진 것도 아니고, 본인이나 주변 사람들이 살펴보더라도 뚜렷한 원인을 찾기 어려운 상황이기 때문에 처지가 곤란하다. 그렇게 된 이유가 전혀 짐작되지 않는 것은, 그 원인이 심리적이거나 인간관계에 있는 것이 아니라 생물학적인 메커니즘에 의한 것이기 때문이다.

오히려 불합격자 중에는, 만약 입학을 했더라면 대학 공부를 훌륭히 소화해 낼 수 있었을 사람도 분명히 있었을 것이다. 그러나 그것은 결과

론일 뿐 대학 입시가 현재와 같은 형태를 유지하는 한, 이 현상은 해결될 문제가 아닐 것 같다. 면접 시험의 도입이나 추천 입학제도 등도 이런 문제를 타개하려는 노력의 일환이라고 할 수 있다.

지적 엘리트의 집단역학

대학의 입학시험은 결코 쉽게 합격할 수 있는 것이 아니다. 그 때문에 수험생은 무척 노력해서 수험공부를 한다. 이러한 엄격하고 치열한 선발 과정을 통과해 왔기 때문에, 대학은 지적 엘리트들로 구성된 집단으로서 저마다가 서로 우월감에 똘똘 뭉쳐 있는 사람들로 가득 차 있는 듯이 생각되기 쉽다. 모두가 엘리트로서의 만족감과 관대함 속에서 "너도 꽤 잘하는군" 하는 식의 동료의식적인 상호평가를 주고받으며, 화기애애한 특권 세계를 형성하고 있을 것처럼 보일지도 모른다. 그러나 실제는 결코 그렇지 않다.

인간은 집단을 형성하게 되면 그 내부에서는 반드시 우월한 사람과 열등한 사람이 생기기 마련이다. 우월이나 열등이라는 것은 다른 사람과의 관계 속에서 상대적으로 결정되는 것이므로, 지적 엘리트의 집단 내부라고 해서 모두 등질적인 집단이 될 수는 없다. 특히 그 집단이 폐쇄적일수록, 내부에서는 이러한 우월과 열등의 역학관계가 강하게 형성된다.

이러한 현상은 재학 중인 학생 집단의 내부에서뿐만 아니라, 모든 집단 속에서 필연적으로 발생하는 인간 역학이다. 각자가 지적으로 세상 사람들보다 훨씬 뛰어나다는 특질은, 그것이 집단 전체에게는 공통항(共

通項)이 되기 때문에, 이러한 한 집단 내부에서는 아무런 의미도 갖지 못하게 되고, 상대적인 특질의 차이로 역학관계가 형성되어 간다. 즉 그 집단 속에서는 일반 사회와 마찬가지로 능력적으로 뛰어난 사람과 그렇지 못한 사람의 구별이 서로 인식을 통해 형성되어 간다.

물론 같은 집단의 구성원이라는 연대감이 있기는 하지만, 입장이 비슷하고 같은 직종이라는 이유에서 때로는 라이벌 의식에 시달리는 경우도 생긴다. 또한 이 역학관계는 세월이 흐름에 따라 유동적으로 변해 가며, 이는 앞서 살펴본 지능 발휘의 변화 양상과도 같다.

대학 졸업 후의 좌절감

대학을 졸업하고 취직을 하게 되면 새로운 세계에 적응해 그 사회와 직장의 일원으로 융화되어 가는 사람이 많은 반면, 새로운 환경에 적응하지 못하고 특히 직장 내 인간관계의 어려움 때문에 주저앉는, 본래 수험 엘리트였던 사람도 생기게 된다. 일류 대학을 졸업하고 일단 대기업에 입사했지만, 얼마 지나지 않아 퇴직해 버리는 사람도 있다. 생각해 보면 그가 잘했던 것은 오로지 학교 공부뿐이었으며, 일류 대학 재학 시절에 형성된 잘못된 엘리트 의식이 그대로 통용되기에는 현실 사회는 만만하지 않다.

결국 그는 과거의 영광된 추억 속에 잠긴 채, 거기서 벗어나지 못하고 다시 공부가 지배하는 세계로 틀어박힌다. 간신히 지난날의 장기였던 수험공부의 경험을 살려, 일상의 삶 속에서 활로를 찾으려 한다. 그것은 하나의 방법일 수는 있겠지만, 그가 어렵게 쌓은 전문지식과 기술이 직선적으로 활용되지 못하는 것은 참으로 안타까운 일이 아닐 수 없다.

앞서 고학력자의 성격상의 특질로 내향성이 있다는 점을 지적한 바 있다. 사교에 능숙하지 못하다는 것은 고학력자에게 따라붙기 쉬운 약점이므로 이런 이유로 사회에 나와서는 좌절을 겪기 쉬운 것이다. 스트레스는 대부분 인간관계에서 비롯된다. 일본에서도 앞으로는 대학이나 직장에서 한층 충실한 정신위생 대책이 강구되어야 할 필요가 있다.

5장

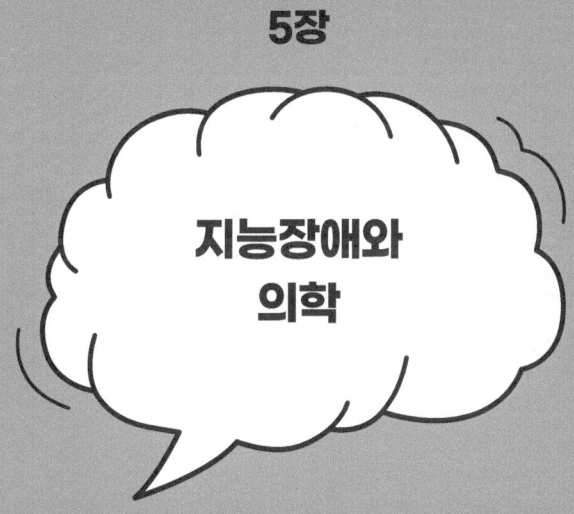

지능장애와 의학

지능장애아의 고찰   1

지능장애란?

지금까지는 설명해 온 내용은 지능이 보통이거나 오히려 높은 편에 속하는 아이와 사람들에 대한 것이었다. 이제부터는 지능이 극히 낮은 아이들의 일을 생각해 보기로 한다.

인간에게는 키가 큰 사람도 있고 작은 사람도 있지만, 그것이 생활에 특별히 큰 지장을 주지 않는다면 굳이 문제 삼을 필요는 없다. 지능에 대해서도 마찬가지로 볼 수 있다. 세상에는 저마다 다른 지능을 지닌 사람들이 일상생활을 불편 없이 영위하며 살아가고 있다. 그러나 특별히 지능이 낮은 사람에 대해서는 여러 면에서 주위의 충분한 배려와 지원이 필요해진다.

지능이 현저히 낮은 아이들은 언어, 식사, 배설 등 신변의 여러 가지 훈련이나 발달이 매우 느리다. 즉 지능의 발달이 느리다는 것은, 같은 또래의 아이들과 비교했을 때 언어, 습관, 예절 등의 훈육 면에서 두드러지게 지체가 나타나는 것을 의미한다.

그런데 지능 발달에 장애가 있는 아이는 단순히 정신적인 면뿐만 아니라 보행이나 손재주 등 신체적인 면에서도 발달지체를 보이는 경우가 많다. 이처럼 정신과 신체 양면의 발달이 크게 느린 아이를 '심신장애아'

라고 부른다. 왜 굳이 '심신장애'라고 부르느냐 하면, 이 아이들은 의료나 교육 측면에서 어려운 문제를 지니고 있는 경우가 많기 때문에, 양육이나 치료, 지도에 있어 일반 아이들과는 다른 특별한 배려와 방법이 필요하기 때문이다.

여러분도 심신장애아라는 말을 들어본 적이 있을 것이다. 또 자신의 주위에서 그런 아이를 본 경험이 있을지도 모른다. 그러나 여러분은 이러한 아이들에 대해 어느 정도의 이해를 가지고 있을까? 지능이 특히 지체된 사람들을 사회의 동료로 받아들이고 더불어 살아가기 위해서는, 이들에 대한 올바른 인식이 필요하다. 이를 위한 참고로, 현재의 최첨단 의학에서는 지능지체에 대해 어떻게 접근하고 있는지를 살펴보기로 하자.

왜 지능지체인 사람들을 아직도 일부에서는 멸시하는 일이 있을까? 그와 같은 편견이 존재하는 것은, 심신장애를 지닌 아이들을 올바로 이해하지 못하기 때문이라고 생각된다. 왜 심신장애아가 태어나는가에 대해서는 뒤에서 설명하겠지만, 이 장애아라고 불리는 사람들이나 우리 모두, 단 한 번뿐인 인생을 힘껏 살아가고 있다는 점에서는 다를 바가 없다. 전혀 예상하지 못했던 장애가 있는 아이를 낳은 부모는 우리 전문의에게 "지능지체는 언제쯤이면 따라붙게 됩니까?" "낫는 것입니까?"라며 절실한 질문을 던져온다. 이처럼 지능 발달이 크게 뒤처진 아이들에 대해 함께 생각해 보기로 하자.

지능장애를 알게 되는 방법

임신 사실을 알게 된 부부는 누구나 당연히 건강하고 튼튼한 아이가 태어날 것이라고 기대한다. 실제로도 대부분 그런 건강한 아이가 태어난다. 그러나 극히 드물지만, 선천적인 이상이 있거나 이후에 심각한 발달지체 증상을 나타내는 아이가 태어나기도 한다.

다운증이나 등뼈에서 척수가 드러나는 이분 척추(二分脊椎)와 같은 질환처럼, 출생 직후에 심신장애가 드러나는 경우에는 분만을 담당한 산과 의사가 장애를 발견하게 된다.

한편, 이처럼 바깥으로 드러나는 장애가 없는 경우에는, 보통 아이가 전혀 말을 하지 않는 모습을 보고 부모가 지능지체가 아닐까 하고 걱정하게 되는 일이 가장 많다. 부모가 이러한 의심을 처음 갖게 되는 시기는 최근 들어 비교적 빨라져, 대부분이 생후 18개월에서 24개월 사이에 해당한다. 많은 어머니들은 말을 하지 않는 것을 지능지체 여부를 판단하는 하나의 기준으로 보고 있다.

하기야 일찍부터 말을 하는 아이가 반드시 지능이 높다고 할 수는 없으며, 반대로 말을 하지 못하던 아이가 사실은 높은 지능의 소유자였다는 예가 있다는 것은 이미 말한 그대로여서, 언어 발달이 정확하게 지능 발달을 나타내고 있는 것은 아니다. 그러나 일반적으로는 생후 18개월이 되어도 말다운 말을 한마디도 하지 못한다거나, 세 살이 되어도 몇 마디의 단순한 말밖에 하지 못하는 아이는 지능 발달에 문제가 있을 가능성이 있기 때문에, 수준 높은 병원에서 정확한 진찰을 받아볼 필요가 있다.

요즘은 서점에 육아 관련 서적이 넘쳐나고, 텔레비전이나 라디오에서도 육아에 관한 프로그램이 매일같이 방송되고 있다. 그러나 한편으로는 핵가족화와 이웃과의 교제가 거의 단절된 도시 생활의 여건 때문에, 젊은 어머니들이 아이의 발달 과정에 대한 정확한 지식을 갖기 어려운 것이 현실이다. 그로 인해 발달지체가 있어도 그것을 모르는 채 시간이 흐르다가, 친척이나 나이 든 어른, 혹은 생후 18개월 때 받는 건강검진에서 보건소 등을 통해 지능 발달이 느리다는 사실을 지적받고 나서야 비로소 걱정이 되어 전문 병원을 찾는 경우가 있다.

발달지체에 대해 부모는 아이들의 언어 문제만을 중요시하기 쉽지만, 아이를 자세히 관찰하면, 언어 지체뿐만 아니라 말을 하기 이전 단계에서 이미 대책이 필요한 여러 발달상의 문제가 있다는 사실을 알 수 있다. 다른 훈육이나 길들이기 따위는 팽개쳐 두고, 말만 지껄이게 하려 한다고 해서 좀처럼 성공하는 것이 아니다.

이를테면 지능장애가 있는 아이는 대개 걸음마가 늦거나 걷는 동작이 불안정한 경우가 많다. 올바르게 걷는 습관을 들이는 일은 아이의 전반적인 발달을 도모하는 데 있어 매우 중요하다는 사실은 장애아 보육 과정에서도 관찰되고 있다.

보행 문제 다음으로 아이의 발달에서 중요한 일은 식사나 배설 등 기본적인 생활습관을 훈련하고 길들이는 문제이다. 이러한 생활습관을 스스로 할 수 있게 되면 아이의 행동 범위가 훨씬 확대되고, 언어 발달은 물론 지능 발달에 필요한 생활 경험도 더욱 심화된다.

지능장애아와 부모의 대응

대부분의 사람은 심신장애아에 관한 신문 기사를 읽거나, 텔레비전으로 시청하는 일이 있어도, 이런 아이들의 삶에 대해 깊이 생각해 보거나, 가까이에서 접촉해 보는 일은 거의 없다. 그런데 전혀 뜻하지 않게 자기 아이가 지능장애라는 사실을 알게 되면, 그동안 이런 아이들에 대한 정확한 지식이 없었던 탓에, 또는 어쩌다가 정확한 지식이 있었다 하더라도, 부모로서는 큰 불안과 두려움을 느끼는 것이 지극히 당연한 일이다.

아이에게 중대한 지능장애가 있다나, 또는 그런 지능장애로 진행될 수 있는 질환을 가지고 태어났다는 사실을 알게 되었을 때, 부모는 처음에 어떤 감정을 갖게 될까? 이러한 반응은 장애가 발견되는 시기와도 깊은 관련이 있으므로, 출생 직후에 바로 알게 되는 경우와, 출생 당시에는 별다른 문제가 없었으나 성장 과정에서 점차 발달지체가 드러나는 경우로 분류해서 살펴보기로 하자.

다운증이나 이분 척추 등 외부에서 쉽게 확인할 수 있는 선천적 이상은, 출생 직후 산과 의사나 조산원에 의해 발견된다. 보통 산모에게는 바로 보여주거나, 장애 사실을 알리지는 않는다. 산과 의사는 친척, 특히 부친에게 그 장애가 있다는 사실을 설명한다. 그러나 산모에게 아이를 계속 보여주지 않거나 알리지 않고 있을 수는 없기 때문에, 머지않아 장애에 관해서도 설명하게 된다.

이때 의사의 설명 방식은 매우 중요하다. 너무 과장되게 큰일이 난 것처럼 말하면서도 자세한 설명이 따르지 않으면, 산모는 큰 불안과 혼란을 겪게 된다. 반대로 일부러 상황을 대수롭지 않게 말하며 얼버무린다면, 오히려 산모에게 더욱 깊은 불안과 함께 의료에 대한 불신을 심어 줄 수 있다.

의사는 사태를 산모와 가족에게 너무 늦지 않게 정확히 알리고, 그들의 불안과 의문을 충분히 수용하면서, 앞으로 예상되는 지능장애 문제와 필요할 치료와 양육상의 대처 방안을 친절하고 동정심을 갖고 설명해 주는 것이 중요하다.

어쨌든 선천이상은 외부에서 보아도 장애가 뚜렷하게 드러나기 때문에 사태를 부정할 만한 방법도 없고, 산모와 가족에게 갑작스러운 충격을 주기 마련이다. 처음에는 도무지 상황을 이해하지 못해, 무슨 일이 일어난 것인지 알 수 없어 그저 멍해진다. 이윽고 약간 진정되면, '일어날 리 없는 엄청난 일이 벌어졌구나. 어떻게 해야 할까? 어디서부터 손을 써야 할까?' 하는 혼란의 시기가 찾아온다.

그러나 장애가 너무도 명백하기 때문에 이러한 혼란은 오히려 비교적 빨리 가라앉는 편이다. 선천이상인 경우에는 출생 직후부터 밀접한 의료적 지원이 이루어지고, 이후에도 병원에서의 진찰이 계속되기 때문에, 의사나 상담사의 지도와 조언이 부모를 지원하는 데 큰 역할을 하게 된다.

한편, 지능장애의 대부분과 자폐증(自閉症)은 아이가 출생했을 때 외관상 특별한 이상이 없는 경우가 많지만, 성장함에 따라 말이 늦거나 이상한 행동을 보이는 등 발달장애가 차츰차츰 드러나기 시작한다. 이처럼 어느 시점부터 발달장애가 서서히 나타나기 때문에, 부모가 발달지체를 알아차리지 못한 채 상당한 세월이 지나가 버리는 수가 있다.

그러다가 부모 자신도 어딘가 마음에 걸리기 시작하고, 주위 사람들로부터 지적을 받으면서 발달지체가 아닐까 하는 불안이 점차 커진다. 한편으로는 언어 발달이 더딘 것이 남자아이이기 때문이라든가, 지금은 말을 못하지만 시간이 지나면 말을 하게 될 것이라고 생각하며, 반은 불안하고 반은 스스로의 걱정을 지나친 것이라 여기며 불안감을 부정해보기도 한다. 이처럼 심리적으로 동요하는 시기를 겪으며, 전문의에게 확인받고 싶은 마음과, 그렇지 않기를 바라는 마음이 엇갈린 채 병원을 찾는 부모와 아이는 결코 적지 않다.

이처럼 외부에서 보아 장애가 뚜렷하지 않은 경우에는, 부모가 그것을 깨닫게 되는 시기도 제각가이며, 지능장애를 인정하려는 마음과 받아들이고 싶지 않은 심정이 뒤엉킨 채 이 병원, 저 병원을 전전하는 일이 있다. 병원에서 진단이 내려지더라도, 반신반의하는 마음은 좀처럼 가지지 않는다.

지능장애는
왜 일어나는가? 　　　　　　　　　　**2**

왜 생기는가?

두 살이 가까워졌는데도 아직 말을 하지 못한다. 도무지 침착하지 않다. 또는 세 살이 지났는데도 식사나 배설 같은 기본적인 생활습관이 길들여지지 않는다는 걱정으로 병원을 찾아오는 부모는, 아이가 지능장애(의학 용어로는 정신지체, 보통 말하는 지능지체)라든가 그 밖의 심신장애라는 진단을 받게 되면, "왜 지능지체가 된 걸까요?" "원인이 무엇인지 조사해 주세요." "왜 하필 제 아이가 이런 심신장애를 가지게 된 걸까요? 제게 무슨 잘못이 있다는 말인가요?"라고 우리 전문 의사에게 진지하게 묻는 사람들이 많다.

　어머니들에게는 자기의 소중한 아이가 지능지체라든가 심신장애라는 사실은 도저히 인정할 수 없는 터무니 없는 일인 것이다. 그리고 무엇이 원인으로 이렇게 되었는지 아무리 생각해도 이해할 수 없어, 전문의에게 원인을 밝혀 달라고 하거나, 납득할 수 있는 설명을 듣고 싶다고 간청한다.

　세상에서 일어나는 모든 일에는 반드시 그에 따른 원인이 있을 것이라고 생각하는 것은 당연하고 이치에 맞는 일이다. 어떤 일이 일어나고 그것이 자신의 행동에 책임이 있는 것이라면 체념하거나 납득할 수도 있다. 그러나 자기 아이가 중도의 지능지체나 심신장애를 가지고 태어났다는 일은, 대부분의 부모로서는 그 원인을 짐작할 만한 어떤 경위도 떠올릴 수 없는 경우가 보통이다.

그렇다면 현재의 의학 수준에서 볼 때, 중도의 지능지체나 심신장애가 일어나는 원인은 어느 정도까지 규명되고 있을까? 원인이 밝혀진 사례는 점차 늘어나고 있지만, 여전히 원인을 알 수 없는 경우도 많이 남아 있다. 그래서 이미 원인이 확실해진 것, 현재로는 원인이 직접으로는 확인되지 않았지만 상황 증거로부터 원인의 소재가 추정되고 있는 것을 종합해서, 중도의 지능장애나 심신장애가 왜 일어나는가를 생각해 보기로 한다.

유전일까?

아이가 지능장애라는 진단을 받으면, 예전에는 어머니가 시가 쪽 친척들로부터 "우리 집안에는 이런 아이가 없었다. 네 집안의 혈통인 것이 틀림없다"고 책망을 받는 일이 있었다.

고치기 어려운 병이면 예전에는 흔히 유전 때문일 것이라고 말하곤 했다. 그렇다면 중도의 지능장애나 심신장애는 정말로 모두 유전에 의해 생기는 것일까? 확실히 유전성이 강한 증세가 심한 특수한 지능장애나 심신장애가 있기는 하지만, 그것은 수치상으로 보면 전체 장애아 중 극히 일부에 불과하다.

필자가 근무하는 심신장애아 전문 종합병원에는 각 과의 전문의와

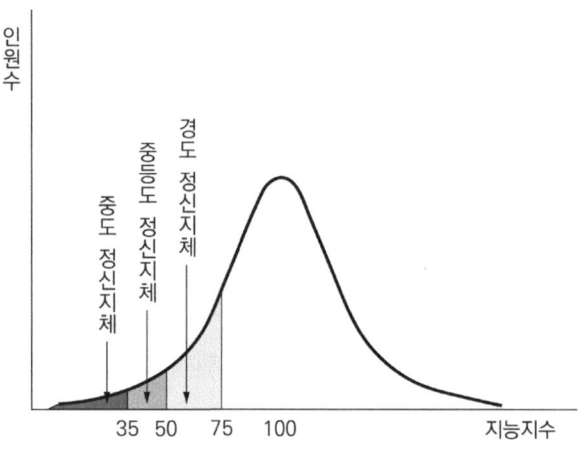

그림 29 | 지능지수에 의한 정신지체의 정도 구분

유전상담 의사가 함께 일하고 있다. 이 전문가들에게 물어보아도, 여러 종류의 중증도 지능장애나 심신장애 대부분은 유전성이 아니라고 보는 견해가 일반적이다.

〈그림 29〉에서 보듯이, 지능장애아 중에서도 지능지수 곡선의 중심(피크)에서 크게 벗어나지 않은, 즉 비교적 장애 정도가 가벼운 경도 또는 중등도의 아이들이 더 많은 편이다. 이에 비해 곡선의 왼쪽 끝에 있는, 즉 매우 증세가 심한 중도의 아이는 적은 수이기는 하지만 있다. 장애아라고 하더라도 이처럼 비교적 지체 증상이 가벼운 그룹과 매우 심한 그룹은 일반적으로 장애의 원인이 다르다. 예를 들어, 비교적 경도의 지능지체아의 경우, 부모 모두가 경도의 지능지체를 가진 사례도 확인

되며, 이는 유전성(가족성)에 의한 것이다. 그러나 여기서 문제로 삼고자 하는 극심한 중도의 지능장애와 심신장애는 수적으로 보아도 유전성이 아니라고 단언해도 무방하다. 이 중도의 장애 원인은 뒤에서 설명하기로 한다.

양육 방법에 잘못이 있었을까?

부모의 양육 방법이 아이의 발달에 큰 영향을 미친다는 점은 분명하다. 예를 들어 말수가 적은 부모 밑에서 자란 아이는 언어 발달이 느릴 수 있으며, 어머니의 훈육이 충분하지 않으면 식사나 배설 등 기본적인 생활습관의 자립도 뒤처질 수 있다.

그러나 지능장애의 경우, 아이의 심한 지체가 부모의 육아 방법 때문이라고 보기는 어렵다. 한편, 지능장애가 비교적 가벼운 아이들은 보육원 등에 입소함으로써, 부모의 미흡한 양육 방법이 빠르게 보완되고, 언어나 생활습관 능력이 향상되는 경우도 적지 않다. 이러한 점을 종합해 보면, 부모의 잘못된 양육 방법이 원인이 되어 중도의 지능장애나 심신장애가 발생한다고 보기는 어렵다.

진짜 원인

지금까지 살펴본 바에 따르면, 중도의 지능장애는 유전이나 부모의 양육 방법의 실패에서 비롯된 것이라고 보기는 어렵다. 그렇다면 도대체 무엇이 원인이 되어 이 아이가 중도의 지능장애를 갖게 되었을까?

다운증(염색체의 이상으로 지능장애, 특유한 용모, 여러 가지 기형이 수반되는 선천적 질환), 이분 척추(등뼈가 완전히 닫히지 않은 상태로 태어나 척수가 외부에 노출되며, 이로 인해 보행이나 배설에 장애가 발생하고 지능장애를 동반하기도 함), 뇌성마비(손발의 마비로 인해 운동 장애가 나타나며, 경우에 따라 지능장애를 일으킬 수 있음), 태아성 풍진(임신 중 어머니가 풍진에 감염되면, 바이러스가 태아에게 전염되어 지능장애나 난청 등의 이상을 일으킴), 뇌염과 뇌척수막염 등 예로서도 알 수 있듯, 태아기(아기가 어머니의 자궁 속에 있는 기간, 보통 임신~40주), 주산기(출생 전후의 어느 일정한 시기), 신생아기(출생 후 30일 이내), 또는 유아기(신생아기 이후부터 첫돌까지) 동안에 발생한 명백한 질병이 원인이 되어 나타나는 경우가 많다.

또한 자폐증을 비롯해 일부 중도의 정신체 등 아직까지 명확한 원인이 밝혀지지 않은 심신장애의 경우에도 태아기, 주산기, 신생아기 또는 유아기 동안 중추신경계를 침범한 질병이 중도의 지능장애를 가져오는 원인이라고 추정한다. 즉 자궁 속의 태아기나 신생아기, 유아기에 우발적으로 발병한 질환이 중추신경계에 심각한 손상을 주었기 때문에 그 후유증으로 중도의 지능장애가 나타난 것이라고 여겨진다. 이러한 점에서 중도의 지능장애는 유전이나 부모의 양육 방법 때문이 아니라, 중추신경계 손상의 후유증에 의해 나타나는 상태라고 할 수 있다.

지능장애아를 둘러싼 최근의 동향

최근 일본에서는 연간 출생하는 아이의 수가 두드러지게 줄어들고 있어 유치원이나 보육원의 정리와 합병이 전국적으로 진행되고 있다. 이에 따라 전체 출생아 수의 감소가 지속되면서 지적 및 심신장애의 출생 수도 감소하고 있다.

한편, 장애의 인구당 발생률을 살펴보면, 보통 아이의 출생률 감소보다도 훨씬 더 심하게 낮아지고 있는 경향을 보인다. 이러한 현상에는 여러 가지 이유를 생각할 수 있지만, 특히 중요한 원인으로는 뒤에서 설명하듯이 임신 중 태아 관리와 출산 과정의 정밀한 감시, 출생한 허약 신생아를 대상으로 한 장애 예방치료의 보급 등이 주산기 의료의 비약적인 발전과 함께 힘입은 바가 크다고 할 수 있다.

또한 과거에는 비교적 많았던 종두후 뇌염 후유증으로 인한 지능장애를 동반한 심신장애는 이제 더 이상 발생하지 않게 되었다. 이는 종두가 천연두를 예방하기 위한 백신이었으나, 이미 그 천연두는 지구 위에서 박멸되어 종두 접종이 폐지되었기 때문이다. 그 밖에도 의학의 발전으로 이제는 거의 발생하지 않을 것으로 보이는 심신장애가 몇 가지 더 있다. 이처럼 중도의 지능장애를 일으키는 질병이 점차 사라지고 있는 추세이다.

그러나 자세히 살펴보면, 심신장애아의 발현 감소는, 주로 중등도 장애아의 발생이 줄었기 때문이고, 중도의 중복 장애아(중도의 지능장애와 신체장애를 동시에 지닌 아이)의 수는 오히려 상대적으로 늘어나고 있는 것으로 보인다. 그 주요 원인으로는, 과거 같으면 임신 초기 자연유산으로 이어졌을 법한, 장애에 걸리기 쉬운 허약 태아도 유산을 하지 않고 출생하게 된 점이 지적된다. 이는 모자 보건(母子保健)의 발달로 인해 가능해진 결과로 볼 수 있으며, 이러한 경향에 대응하기 위해 더욱 적극적인 예방 대책과 출생 전 치료가 기대되고 있다.

지능장애의
예방과 치료   3

지능장애의 발생 예방

심신장애 중에서도 특히 중도인 지능장애와 강한 신체적 장애를 더불어 지니는 중복장애(重複障碍)는, 아이가 어머니의 자궁 속에 있던 때나 출생 전후의 시기에 걸린 중추신경계를 침범하는 병이 주된 원인이라는 점은 앞에서 언급한 바 있다.

중도의 지능장애나 중복장애를 지니고 태어난 아이들의 치료와 교육이 중요하다는 것은 두말할 나위도 없지만, 아이가 자궁에 있는 동안이나 출생 과정에서 장애의 원인이 되는 질병에 걸리지 않도록 사전에 방지하는 일이 더욱 중요하다.

이러한 예방 대책의 실현 가능성은 장애의 종류에 따라, 심신장애의 원인이 되는 질병이 언제 발생했는지에 따라 달라진다고 볼 수 있다. 예를 들어, 다운증후군은 정자나 난자의 염색체 수 이상으로 인해 수정 시점에서 이미 장애의 원인이 발생하는 '수정란 단계의 질환'이므로 수정 이후에는 장애 예방의 근본적인 치료를 할 수가 없다.

지능장애와 난청을 일으킬 수 있는 태아성 풍진은, 임신 2~3개월 이전에 어머니가 풍진에 걸림으로써 발생한다. 그러나 중학생 시기에 여자아이에게 풍진 백신을 접종하면 평소 면역이 형성되어, 장래에 임신

하더라도 태아성 풍진이 발생하지 않는다. 이전에 풍진에 걸린 적이 없는 성인 여성이라도, 중학생 시절에 백신을 맞지 않았다면 피임 중에 백신을 접종하고, 그로부터 2개월 이상 경과한 뒤에 임신하면 태아성 풍진에 대한 걱정은 없다.

임신 8개월 이후에 나타나는 중증 임신중독증은 충분한 관찰과 치료를 통해 태어날 아이가 뇌성마비 등 중복장애를 갖게 되는 것을 예방할 수 있는 사례가 많아졌다. 출생 시나 신생아기에 발생하는 호흡장애나 중증 황달도 중복장애의 원인이 될 수 있으나, 최근에는 이러한 경우에도 정확한 예방적 치료를 통해 장애 발생을 방지할 수 있게 되었다. 이에 대해서는 뒤에서 다시 설명하겠다.

이상의 사례들에서 알 수 있듯이, 중도의 지능장애를 동반한 중복 심신장애의 원인이 되는 질병은 태생기부터 신생아기에 이르기까지 다양한 시기에 발생할 수 있으며, 그 시점에 따라 예방과 치료의 가능성에도 차이가 있음을 알 수 있다. 임신 초기에 발생한 질병일수록 장애를 예방하기 위한 치료가 어렵고, 반대로 임신 말기나 출생 시, 출생 후에 발생한 질병일수록 예방적 치료의 효과를 기대하기 쉬운 것으로 생각된다.

주산기, 신생아 의료의 진보

주산기란 앞에서 말한 대로 아이가 출생하기 전후의 시기를 말하는데, 정확하게는 임신 29주부터 출생 후 1주일까지의 기간을 가리키며, 이 시기는 태아가 자궁이라는 보호된 환경에서 벗어나 외부 세계라는 새로운 환경에 적응해 나가는 생리학적·신체적 시련의 시기이다. 그 밖의 점에서도 작용해 나가기 위한 시련의 시기이다.

그중에는 이미 태아기부터 의학적으로 질환이나 이상 상태를 지닌 채 태어나는 아이들도 있다. 다시 말해 출생 전후의 시기(주산기)나 신생아기에 장애가 나타나는 경우라 하더라도, 모체 내에서 전혀 문제가 없었던 것은 아니다. 어머니가 임신한 순간(태아에게는 수정)부터 출산(태아에게는 출생)까지의 기간 동안, 태아는 이미 어떤 문제를 지닌 경우가 적지 않다. 즉 태아기부터 문제나 이상이 있었던 경우에는 출생 시나 신생아기에도 장애가 나타나기 쉬운 것이다. 이러한 심신장애의 발생을 방지하기 위해서는 특별한 의료적 대책이 요구된다.

최근에는 초음파 진단과 분만 감시장치 등 의료 전자공학의 발전으로 주산기 관리가 한층 정교해졌으며, 특히 신생아의 호흡 관리가 보편화되면서 뇌성마비 등 주산기 이상으로 인한 중복 심신장애아의 발생이 크게 감소하고 있다. 15년 전부터는 신생아의 중증 황달에 대해 교환수혈과 광선요법이 시행되면서, 황달로 인한 뇌성마비나 지능장애는 거의 볼 수 없게 되었다.

이처럼 최근의 의료, 특히 신생아 의료의 눈부신 발전과 보급으로 인해, 의학적으로 불리한 조건에서 태어난 아이들도 정밀한 의료적 처치를 통해 중도의 지능장애나 심신장애로 이어지지 않고 건강하게 성장하는 사례가 점점 늘고 있다.

지능장애의 출생 전 진단과 자궁 내 치료

중도의 지능장애나 중복장애를 일으키는 태아의 질병에 대해 예방 방법이 없고, 또한 뒤에서 언급하듯이 자궁 내 치료 수단이 없거나 매우 어렵다면, 임신 초기 단계에서 태아가 이미 자궁 내에서 장애의 원인이 되는 질환에 걸려 있는지를 알아내는 것이 중요하다. 비록 이는 소극적인 대책일 수 있지만, 그에 따라 대책을 세울 수가 있다는 점에서 의미가 있다. 한편, 이처럼 태아가 선천적인 장애를 지닌 채 태어날 것이라는 사실을 미리 알게 되더라도, 그 임신을 인공적으로 중단하는 것에 대해서는 윤리적 또는 종교적 이유로 일부에서 반대 의견이 있는 것도 사실이다. 그러나 중도의 지능장애나 심신장애가 발생하기 쉬운 모체 쪽의 조건이 있는 경우도 분명히 있으며, 이에 대해 부모들 역시 어느 정도 인식하고 있는 경우가 있다.

이를테면 어머니의 연령이 높아져 35세에서 40세 이상에 출산하는 경우에는, 비교적 젊은 나이에 출산할 때보다 다운증후군 아이가 태어날 위험이 약 20배 가까이 높아진다. 따라서 출생 전 진단 검사를 받을지 여부는, 이러한 조건에 해당하거나 이를 걱정하고 있는 부모의 판단에 달려 있다고 볼 수 있다. 의사는 부모의 요청이 있을 경우, 이에 필요한 정보를 정확하게 알려 줄 책임이 있을 것이다.

현재 실용화되어 있는 주요 출생 전 진단으로는 다운증후군을 대상으로 하는 검사이다. 이 검사는 태아가 떠 있는 자궁 안의 양수(羊水) 일부를 채취한 뒤, 그 속에 포함된 부유 세포를 현미경으로 관찰해 염색체

이상 여부를 확인하는 방식이다. 또 다른 출생 전 진단은 이분 척추가 있으며, 이 역시 양수를 검사해 태아의 신경관 폐쇄 장애로 인해 양수 속으로 흘러나오는 알파페토프로틴(AFP)의 농도를 측정함으로써 진단한다.

중도의 지능장애아나 중복장애아로서 태어나기 전에 치료를 하는 태아치료, 즉 자궁 내 치료는 아직 널리 실용화된 단계는 아니지만, 미국에서는 태아 수두증(胎兒水頭症)에 대해 일부 시도가 이루어지고 있다. 태아 수두증이란 태아의 대뇌 내부에 있는 뇌실에 뇌척수액이 과도하게 고여 머리가 풍선처럼 커지는 질환으로 지능장애가 발생하기 쉬운 상태이다. 이 경우 초음파 진단 장치를 이용해 출생 전 진단을 수행한 뒤, 같은 장치를 사용해 태아의 위치를 실시간으로 확인하면서 모체의 복벽(腹壁)을 거쳐 튜브를 태아의 뇌실에 삽입한다. 이를 통해 지나치게 고여 있는 뇌척수액을 양수 속으로 배출시키고, 출생 후에는 신경외과 수술을 통해 치료를 이어간다. 이와 같은 태아 치료를 통해 중도의 지능장애가 되지 않게 꾀하고 있다.

지능장애아의 치료와 교육

일반적으로 지능장애 중도인 아이일수록 간질 발작이나 다양한 신체장애를 동반하기 쉽다는 것은 사실이다. 뇌의 신경세포는 인간이 출생하고부터는 그 수가 증가하지 않으며, 일단 파괴된 신경세포는 재생되지 않기 때문이다. 즉, 중도의 지능장애는 중추신경계의 일부가 손상되어 발생한 상태인 경우가 많다. 따라서 심신장애아의 보건, 치료, 교육은 결코 쉬운 일이 아니다.

　이와 같이 지능장애아의 발달지체에는 중추신경계의 손상 등 의학적인 문제가 기초에 있는 경우가 적지 않다. 발달지체가 있는 아이의 경우, 지능검사나 행동 관찰뿐 아니라 뇌파, 두부 CT, 대사와 염색체 검사, 운동 장애나 마비의 유무 등을 조사해 둘 필요가 있다. 이러한 검사나 진단의 결과에 따라 의학적 치료가 필요한 경우도 생긴다. 또한 발달과 치료의 경과는 의학적 관점에서 지속적으로 점검하고, 적절한 대책을 검토해 나가야 한다. 발달지체를 단순히 심리적 또는 교육적 문제로만 파악해 훈련이나 지도에만 의존할 경우, 아이의 지체에 대한 본질을 간과하고 부적절한 대응을 하게 될 우려가 있으므로 주의해야 한다.

　또 중도의 지능장애아는 흔히 신체적으로 허약하거나 질병을 동반하고 있는 경우가 많기 때문에, 인플루엔자, 피부 질환이나 소화기 전염병 등 장애 아이가 쉽게 걸리는 신체적 질병의 치료와 일상적인 건강 관리에는 일반 아이보다 더욱 세심한 배려가 필요하다.

　이런 이유로부터 중도의 지능장애나 심신장애아의 발달과 생활에서는 의료는 필수적인 것이다. 현대 의학의 발전으로 인해 장애의 원인이 되는 질병에 걸렸다고 하더라도, 그 가능성을 예측하고 이후의 경과에서 장애의 발생이나 진행을 최소화하는 치료가 가능해지고 있다. 이미 말했듯이 중도의 지능장애아는 정신 발달의 큰 지체뿐만 아니라, 심한 신체적 장애를 동반하는 경우가 많기 때문에, 언어나 기본적인 생활 습관 훈련, 학업뿐 아니라 일상생활 전반과 건강 관리에 대해서도 특별한 배려가 필요하다.

지도하기 어려운 지능장애아에 대한 교육의 핵심은, 첫째 사물의 개념을 몸으로 익히도록 하는 것이 중요하다. 예를 들어 어떤 물건의 이름을 말하려면, 그에 앞서 그것이 먹는 것인지, 손으로 가지고 노는 것인지 등, 사물의 용도와 성질을 직접 경험을 통해 이해할 수 있어야 한다. 언어 표현은 단순히 말을 따라 하는 것이 아니라, 먼저 듣고 내용을 이해하는 과정이 전제되어야 한다. 들어도 그 뜻을 이해하지 못하는 아이라면, 말을 하게 될 리 없다. 배설이 자립되기 위해서는, '화장실로 가면 배설을 하는 것이다', '배설은 화장실에서 하는 것이다'라는 개념을 먼저 이해하고 있어야 한다.

이와 같이 중도 지능장애아가 말을 하거나 예절에 맞게 행동할 수 있게 되기 위해서는, 사물의 의미와 이미지가 아이의 머릿속에 정착되어 있어야 한다. 다시 말해, 이를 몸으로 익히고 있어야 한다는 점이 필수 조건이 된다. 지능장애아의 일상생활에서는 그때그때의 장소와 상황에 맞춰, 즉각 이해할 수 있는 쉬운 말로 대응하는 것이 중요하다는 것을 알 수 있다.

다음으로 중요한 것은, 지능장애아가 살아가는 데 꼭 필요한 것을 익히도록 하는 일이다. 사물을 이해하고 스스로 행동할 수 있게 되는 것이 쉽지 않은 중도 지능장애아에게는, 장애로 인한 여러 제약이 있더라도 장래의 삶에 도움이 될 수 있는 활동을 우선적으로 몸으로 익히고 기억해 실제로 행동으로 옮길 수 있도록 하는 것이 중요하다.

일상생활을 위한 교육은, 단지 훈련 자체를 위한 훈련이 되어서는 안 되며, 그 목적과 의의가 분명해야 한다. 살아가기 위해 꼭 필요한 것은 먼저 식사, 배설, 옷을 입고 벗는 등의 기본적인 생활 훈련과 언어 사용이다. 또래 아이들과 어울려 노는 일, 장소에 따라 행동을 조절하고 기다리거나 집중하는 능력도 길러져야 한다. 나아가 남의 사정을 이해하고 마음을 헤아릴 수 있는 공감 능력, 성장한 이후에는 노동에 참여할 수 있는 능력까지도 준비되어야 한다.

중도 지능장애의 경우에는 이해력과 의욕이 부족하기 때문에, 어떻게 지도할 것인지 방침을 세우고, 어디서 그 실마리를 찾아야 할지 판단하기가 쉽지 않다. 그러나 아이의 일상생활을 세심하게 관찰하다 보면, 분명히 그 아이가 할 수 있는 어떤 일이 발견되기 마련이다. 아이가 좋아하는 일이나 간신히 해낼 수 있는 일을 어른과 함께 시도해 보면서, 아이가 어떻게 반응하는 작용해 봄으로써 아이가 어떻게 반응하는지를 끈기 있게 관찰하는 것이 중요하다. 우선 지금 아이가 무엇을 할 수 있고, 무엇을 할 수 없는지를 정확히 확인한 다음, 그 시점에서부터 앞에서 말한 일상생활에서 도움이 될 수 있는 행동을 목표로 삼아, 아주 쉬운 일부터 시작해 점차 어려운 단계로 한 걸음씩 차근차근 쌓아 올려야 한다.

아이가 무언가를 하려고 하거나, 조금이라도 해냈다면 크게 칭찬해주어야 한다. 아무리 중도 지능장애가 있는 아이라 하더라도 칭찬을 받고 기뻐하지 않는 아이는 없다. 잘하지 못하거나 미숙하더라도 꾸짖거나 야단치지 않는 것이 중요하다. 칭찬을 해주면서 자연스럽게 익혀가도록 돕는다. 말수가 적거나 이해력이 부족한 아이라도 지도를 할 때는 부드럽고 다정한 말씨로 대해야 한다. 그렇게 차분하고 따뜻하게 대하다 보면, 중도 지능장애아가 있는 아이라도 여러 가지 일을 할 수 있게 되고, 언어도 점차 이해하게 된다. 진심 어린 칭찬은 아이에게 하고자 하는 의욕을 일으키는 데 큰 효과가 있다.

머리가 좋아지는 약이나 수술이 있는가?
수년 전에, 한 신문에 다음과 같은 기사가 실린 적이 있다.

> 지능지체아들에게 어떤 약을 먹였더니, 지능지수가 두 배로 높아져 보통 아이에 가까운 지능이 되었다.

그 기사를 접한 많은 부모들이 해당 신문 기사를 오려서 필자가 근무하는 장애아 전문 병원으로 찾아왔다. "정말 효과가 있는 약인가요?", "우리 아이에게도 써 주세요"라는 요청이 쏟아졌다. 그러나 사실, 그보다 앞서 우리 병원에서도 해당 약을 검토한 바 있었으며, "지능 향상 효과는 거의 인정할 수 없다"는 결론을 이미 내린 상태였다. 이후로도 지능을 근본적으로 향상시켜 주는 약은 아직 개발되지 않았다.

심신장애의 하나로 수두증(水頭症)이라는 병이 있다. 이는 앞서 설명했듯이, 대뇌의 뇌실이라 불리는 공간에 뇌척수액이 비정상적으로 고이면서 뇌를 압박하게 되어 지능지체를 초래하는 경우가 많은 질환이다.

이에 대해 뇌실에서 복강(腹腔)으로 관을 삽입해 여분의 뇌척수액이 흘러 나가게 하여 두개내압(頭蓋內壓)의 조절을 꾀한다. 그러나 실제로는 이러한 신경외과적 수술을 받더라도 지능 발달에는 기대만큼의 효과를 볼 수 없었다고 한다. 하물며 보통의 지능장애에 대해서는 지능을 개선하거나 발달시킬 수 있는 수술법 자체가 아직 발견된 바 없다.

자폐증 아이와
지능   4

자폐증 아이의 지능

자폐증을 처음으로 발견하고 세계에 보고한 미국의 아동정신과 의사 카너(Kanner)는 다음과 같이 주장했다.

"자폐증 아이는 대인관계의 고립, 즉 사람과의 상호작용에 어려움이 있기 때문에 말을 하지 못하거나 지능지체인 것처럼 보이는 것이다. 자폐증 아이의 지능은 본래 낮지 않다."

실제로 자폐증 아이들 가운데는 영리해 보이는 외모를 지닌 경우가 많으며, 때로는 특이한 형태의 지적 활동을 보여주기도 한다. 다음에 소개하는 예와 같이 자폐 아동 중에는 일반적인 발달과는 다른 방식으로 뛰어난 능력을 보이는 경우도 있다. 그렇다면 자폐증 아이의 지능은 과연 높은 것일까, 낮은 것일까?

자폐증 아이의 실례

이 아이는 남자로 세 살 7개월 무렵, 언어 발달이 느리다는 부모의 걱정으로 처음 아동정신과 진료를 받았다. 영아기에는 특별히 이상한 점은 보이지 않았으며, 부모에 따르면 온순하고 손이 많이 가지 않는 아이였다고 한다.

한 돌이 지난 얼마 뒤, 아이는 처음으로 "맘마"라는 말을 했고, 먹을 것이 필요할 때는 그렇게 말했다. 그러나 그 후로는 말수가 좀처럼 늘지 않았으며, 두 살이 되었을 때에도 "맘마", "자자"는 정도의 단어만 말할 수 있었다. 요구 사항은 대부분 부모의 손을 끌어당기는 방식으로 표현했다. 세 살 7개월에 처음 진료를 받았을 당시, 아이는 "맘마", "자자", "줘", "하나", "둘", "셋" 등의 단어를 말할 수 있었고, 특정 음악의 멜로디를 흥얼거리는 모습도 보였다고 한다. 간단한 말로 하는 지시는 따를 수 있었다. 평소에는 거의 말을 하지 않았지만, 위급하거나 다급한 상황이 되면 그때의 상황에 어울리는 유아어를 갑자기 내뱉는 경우가 있었다.

식사나 배설은 스스로 할 수 있었다. 그러나 모래를 손가락 사이로 흘리거나, 장난감 자동차를 일렬로 나란히 놓은 뒤, 얼굴을 바닥에 가까이 대고 앞뒤에서 들여다보는 등의 혼자 노는 행동이 두드러졌다. 다른 아이들과는 전혀 어울리지 않았으며, 물건을 빼앗겨도 싸우거나 저항하지 않았다. 세 살 때 건강진단을 받았을 때, 보건소에서 발달이 정상적이지 않다는 지적을 받았지만, 부모는 곧바로 병원을 찾지 않았고, 그 상태로 시간이 경과했다.

네 살 1개월경에는 숫자에 흥미를 보이며 숫자를 쓰는 활동을 했다. 그러나 스스로 읽지는 못하고 부모에게 읽어 달라고 조르곤 했다. 텔레비전이 켜져 있는 것을 알게 되면 겁을 먹고 소리를 지르며 도망쳤고, 끄라고 요구하는 행동을 몸짓으로 표현했다.

네 살 3개월경부터는 말수가 조금씩 늘어나기 시작했고, "주스", "집어 줘" 같은 간단한 말을 할 수 있게 되었다. 네 살 8개월이 되자 숫자를 200까지 차례로 쓸 수 있었고, 일본의 가나 문자에도 흥미를 보여 자신의 이름을 깨끗하게 썼다. 특히 부모가 가르치지 않았음에도, 그다음 달이 되자 ABC 26개 알파벳을 책 없이 정확히 쓰는 수준에 이르렀다. 또한 사람 그림을 그리고 나서, 가족 구성원을 설명하듯 그림 옆에 가나 문자로 이름을 써넣으며 필답으로 설명하곤 했다.

다섯 살 3개월에 병원에서 언어 훈련을 시작했다. 다섯 살 5개월이 되자, 발음은 약간 분명하지 않았지만 급속히 말하기 시작했고, 억양 없는 로봇 같은 말투로 질문에 대답할 수 있게 되었다. 그러나 같은 말을 앵무새처럼 반복하는 경향도 나타났다. 여섯 살 4개월에는 초등학교 일반 학급에 입학했다. 이 시기에는 회화에 거의 불편함이 없을 정도로 언어 표현이 향상되었지만, 같은 질문을 여러 번 반복하는 모습이 여전히 보였다. 예를 들어 "집이 어디니?"라고 물으면, 우편번호부터 번지, 호수, 통반까지도 정확히 말하고, 전화번호까지 써 줄 수 있었다.

일곱 살 2개월이 되었을 무렵, 아이는 일기예보에 깊은 흥미를 보이며 열중하기 시작했다. 신문에 실린 '날씨'란을 꼼꼼히 읽는 것은 물론, 라디오에서 나오는 일기예보도 매일 들으며, "○○에서는 남서풍, 풍속 4, 흐림, 0.1밀리바, 기온 12도. △△에서는 남동풍, 풍속……"이라는 식으로 전국의 기상예보를 외우는 데 열중하고 있다. 산수는 계산 문제에서는 언제나 만점을 받는데도 문장으로 된 문제에는 전혀 손을 대지 못한다.

자폐증이란?

자폐증으로 진단하기 위해서는 다음 세 가지 증상이 있어야 하며, 이들은 두 살 반 이전부터 관찰되어야 한다.

(1) 말을 하지 않거나 같은 말을 앵무새처럼 반복하는 등 언어장애가 있다.

(2) 위의 예처럼 모래를 떨어뜨리거나, 장난감 자동차를 직선으로 늘어놓거나, 숫자에 집착하는 등 강박적이고 반복적인 행동 패턴이 나타난다.

(3) 다른 아이들과 전혀 어울리지 않고, 사회적 상호작용 없이 고립된 상태가 지속된다.

이 세 가지 증상이 모두 나타나고, 그 시작이 두 살 반 이전이라면 자폐증으로 진단할 수 있다.

갖가지 특이한 능력

자폐증 아이라고 해도 모두 그렇지는 않지만, 일부 아이들 중에는 문자나 특정 작업을 매우 정확하게 기억하고 재현하는 능력을 보여 주변을 놀라게 하는 경우가 있다.

예를 들어, 어떤 아이는 어른조차 읽기 어려운 일본 홋카이도(北海道)의 지명을 처음부터 줄줄 읽어 내려가기도 하고, 철도 노선을 따라 역 이름을 순서대로 외운 뒤, "○○로 가려면 △△선으로 갈아타고, □□에서 내려야 해"와 같은 식으로, 전국 각지로 가는 철도 경로를 지도 없이 설명할 수 있는 수준에 이르기도 했다.

이처럼 철도역 이름이나 노선명을 자유롭게 말할 수 있게 된 배경에는, 장기간 병원에 입원해 있는 동안 낡은 열차 시각표를 손에 넣어, 병원 직원들에게 읽는 방법을 묻고 익힌 경험이 작용한 것으로 보인다.

그 아이 말고도 3년 치 달력을 통째로 외우고 있는 초등학생이 있다. "어느 해, 몇 월, 며칠"이라고 말해 주면, 즉석에서 그날이 무슨 요일인지 정확히 맞힌다. 또 다른 예로는 달리는 자동차를 보고 차종을 단번에 알아맞히는 유치원생도 있다. 이처럼 특정 분야에 대해 놀라울 정도로 박식하거나 기억력이 뛰어난 사례는 자폐증인 아이에서 비교적 자주 관찰된다.

과연 지능이 높아서일까?

이와 같은 현상만을 근거로 자폐증 아이를 지능이 높다고 단정할 수는 없다. 지적 활동은 무엇보다도 인간이 생활해 나가는 데 필요한 가장 기본적인 기능으로 발휘되어야 하며, 그러한 기능이 충족된 다음에야 비로소 취미나 직업과 같은 분야에서 창조적으로 꽃필 수 있다고 보기 때문이다.

자폐증 아이는 언어나 대인관계 등 기본적인 생활 기능이 매우 제한적으로 발휘될 뿐이다. 그런데도 정작 생활에 필요한 것이라고는 보기 어려운 분야에서, 다른 아이가 미치지도 못하는 일, 때로는 어른조차도 해내기 어려운 일을 능숙하게 해내는 경우가 있다. 그러나 이러한 능력은 대개 관심의 편중과 고집스러운 반복 학습의 결과로 보아야 할 것이다.

이미 지능지체의 정의에서 설명한 대로, 과제 수행 중심의 지능검사 결과가 뚜렷하게 낮고, 언어나 대인관계 등 적응 행동에 뚜렷한 지체가 있다면, 설령 고집스럽게 드러나는 특이한 재능을 보이더라도 이를 두고 지능이 높다고 말할 수는 없다. 결국 이러한 경우는 지능지체로 보지 않을 수 없다. 실제로 자폐증 아이의 대부분은 지능장애를 지니고 있으며, 서두에 예로 든 자폐증 아이의 경우에도 지능지수가 60에 불과해 경도의 지능지체에 해당함을 알 수 있다.

에필로그

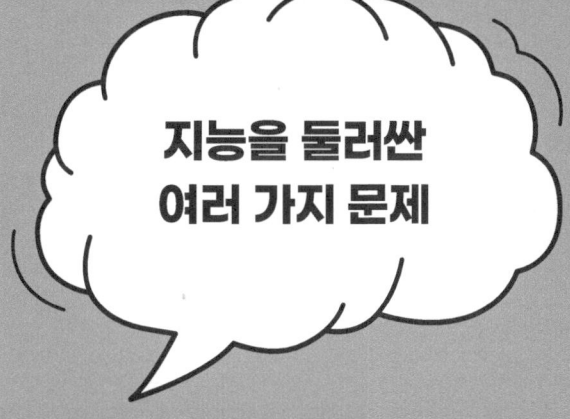

**지능을 둘러싼
여러 가지 문제**

양적 파악의 곤란성　　1

스페리 박사의 업적

앞에서 말한 스페리 박사의 연구는 대뇌생리학과 심리학의 통합에 중요한 발판을 마련한 것이라 할 수 있다. 그 이전까지의 뇌 연구는 인간의 정신활동을 설명하는 데 거의 아무런 도움이 되지 못했다. 스페리 박사의 두드러진 업적은 특히 그동안 완전히 암흑 속에 갇혀 있던 우뇌의 기능 중 일부를 밝혀낸 데 있다.

대뇌 표면의 피질에 지도 모양으로 다양한 지능의 중추가 존재한다고 제창한 인물은 20세기 초 독일의 신경학자 브로드만이며, 이를 '대뇌 국재론(大腦局在論)'이라고 부른다. 그러나 필자가 의학대학 학생이던 시절에는 "뇌 표면의 일부가 손상되더라도, 그 기능은 다른 부위에 의해 대체되어 결국 전체적으로는 기능이 유지된다. 기능과 피질 부위가 1:1로 대응된다는 브로드만의 국재론은 더 이상 통용되지 않는다"는 말을 들은 적이 있다. 그렇다면 스페리 학설은 국재론의 훨씬 더 세련된 형태의 부활이라고 볼 수 있을까?

그러나 인간의 정신활동을 대뇌생리학적으로 설명하는 데 있어서 스페리 박사의 업적도 겨우 그 실마리에 불과하다고 말할 수 있을 것이다. 오늘날 뇌과학 붐은 스페리 박사의 좌뇌와 우뇌 기능에 대한 발견이 그도화선이 되었다. 그러나 인간의 복잡하고 고도한 정신활동을 현재의 대뇌생리학만으로 설명할 수 있다고 생각하는 것은 지나치게 안이한 판단이라 하지 않을 수 없다. 오늘날 대뇌생리학 수준은 아직 그 단계에 도달하지 못하고 있다.

이를테면 지능이 나이에 따라 발달하는 현상(즉, 정신연령)을 대뇌생리학적으로 뒷받침할 수 있는 객관적인 데이터는 아직 확보되지 않았다고 보아야 한다. 일반적으로 나이가 들수록 정신연령도 높아진다. 실제로 뇌파 소견 또한 나이에 따라 성숙해지는 것은 분명하다. 그러나 정신연령과 뇌파 사이에 1:1로 대응하는 관계는 거의 존재하지 않는다. 즉 뇌파의 발달 정도를 근거로 그 아이의 정신연령 정확히 추정하는 것은 불가능하다.

필요조건과 충분한 조건

미국의 어느 정신의학자는 대뇌생리학과 정신활동 사이의 관계를 옷걸이와 양복에 비유해 설명하고 있다. 그는 옷걸이가 양복의 형태를 지탱하는 데 필수적인 기반이기는 하지만, 옷걸이의 구조를 아무리 연구해도 양복이 어떤 모양을 하고 있는지를 알 수는 없다고 말했다.

대뇌의 생리는 인간의 정신활동을 가능하게 하는 물질적 기능의 기반이며, 대뇌의 생리적 활동 없이는 정신활동이 성립할 수 없다. 한편 정신활동은 대뇌의 생리로부터 직접적으로는 구속받지 않는 자율적인 면을 지니고 있는 것으로 보인다.

즉 대뇌생리의 존재는 정신활동에 있어 필요조건이기는 하지만, 정신활동 전반을 결정짓는 충분한 조건이라고 보기는 어렵다. 그렇지 않다고 한다면 인간이 사색을 통해 발상을 전환하거나, 어떤 사건에 감동을 받거나, 예술작품을 창조하는 영감 등이 어떻게 생리학적으로 설명될 수 있겠는가.

스페리 박사의 대뇌생리학 연구는 여전히 지능에서 볼 수 있는 높고 낮음의 차이를 충분히 설명하지 못하고 있다. 이미 언급한 시냅스의 메커니즘도 지능을 질적으로 이해하는 데 일정한 시사점을 제공하지만, 지능에는 분명히 '높고 낮음'이라는 양적인 차이가 존재하므로, 이를 설명하기에는 아직 이론적으로 미흡한 점이 많다.

대뇌생리학이 발전할수록 오히려 정신활동에 대한 심리학적 탐구의 필요성은 줄어들기보다는 더욱 커지고 있다고 보는 것이 타당할 것이다. 이는 대뇌의 생리학적 연구와 정신활동의 심리학적 연구가 마치 수레의 두 바퀴처럼 서로 긴밀하게 맞물려 있기 때문이다. 대뇌의 구조와 생리는 인간 정신의 '하드웨어'에 해당하고, 심리는 그 위에서 작동하는 '소프트웨어'라고 할 수 있다. 하드웨어 없이 소프트웨어는 존재할 수 없으며, 소프트웨어 없이 하드웨어는 그 의미를 상실한다.

지능의 생리학적 근거

앞으로는 지능검사에 의존하지 않고, 의료기기를 활용한 생리학적 검사만으로도 지능의 높고 낮음을 양적으로 측정할 수 있게 될까? 이러한 가능성을 탐색하는 시도의 하나로, 필자는 과거 함께 근무했던 야베(矢部京之助) 나고야(名古屋)대학 종합보건체육과학센터 교수, 와카바야시(若林愼一郎) 기후(技阜)대학 의학부 정신의학교실 교수와 함께 지능과 체육 생리학적 측정값 사이의 관련성을 밝히고자 하는 연구를 수행한 바 있다. 당시 우리는 지능지체아들의 '반응 시간'을 주요 연구 대상으로 삼아 조사를 진행했다.

이 실험에 담긴 사고방식, 실험 방법, 연구 결과는 다음에서 자세히 소개하겠다. 실험의 핵심은 아이들에게 신호를 보내 간단한 행동을 유도하고, 그 신호가 주어진 시점부터 실제 행동이 시작되기까지의 반응 과정을 두 단계로 나누어 측정하는 데 있다. 즉, 신호를 인지한 뒤 신경을 통해 전달되기까지의 시간과, 그 신호가 전달된 후 행동을 개시하기까지의 시간을 각각 분리해 측정한 뒤, 이 두 시간과 아이의 지능 사이의 상관관계를 분석하는 것이 실험의 주요 목적이다.

이 연구의 가설은 다음과 같다.

"지능이 높은 아이일수록 재빠르게 행동하는 것이 아닐까? 즉, 지능지수와 반응 시간 사이에는 반비례 관계가 존재하지 않을까? 만약 그렇다면 반응 시간을 측정함으로써 지능지수의 대략적인 수준을 추정할 수 있지 않을까?"

이러한 가설을 검증하기 위해 〈그림 30〉과 같은 실험 장치를 마련하고, 다음과 같은 방법으로 실험을 실시했다.

〈그림 30〉에 나타난 바와 같이, 변형계(strain gauge: 받침대에 가해지는

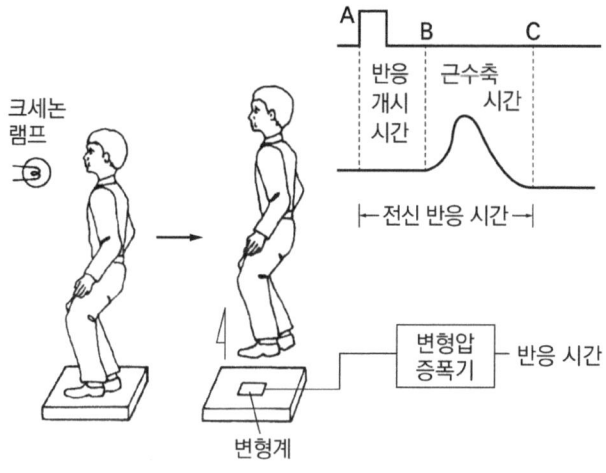

그림 30 | 전신 반응 테스트의 측정 광경과 기록 예

압력 변화를 감지하는 장치)가 부착된 받침대 위에 검사를 받을 아이를 세운다. 검사자가 "준비!"라고 신호를 주면, 아이는 무릎 관절을 가볍게 굽혔다가 펴는 동작을 취하게 한다. 이어서 크세논램프(섬광을 낸다)로 시각 자극을 주면, 아이는 정지된 자세에서 수직 방향으로 재빠르게 점프하는 동작을 하게 한다.

이 동작은 본 실험에 앞서 몇 차례 연습시킨 뒤 정식 실험에 들어간다. 실험은 한 사람당 총 7회 반복해 실시했다. 검사를 받을 아이는 정신 지체아를 교육하는 특수학교의 초등부와 중등부의 학생들이며, 비교를 위해 인근 일반 초등학교와 중학교 학생들을 정상 대조군으로 선정했다.

자극의 전달 경로는 다음과 같다.

광자극 → 망막 → 시각령 → 연합령 → 운동령 → 척수 운동신경세포
→ 운동신경 → 근수축

분석에서는 〈그림 30〉에 제시된 바와 같이, 주로 중추 신경계가 관여하는 자극 시점부터 압력곡선이 상승하기 시작할 때까지의 시간 A-B, 즉 반응 개시 시간과 말초 기능이 관여하는 근수축 시간 B-C로 나눠서

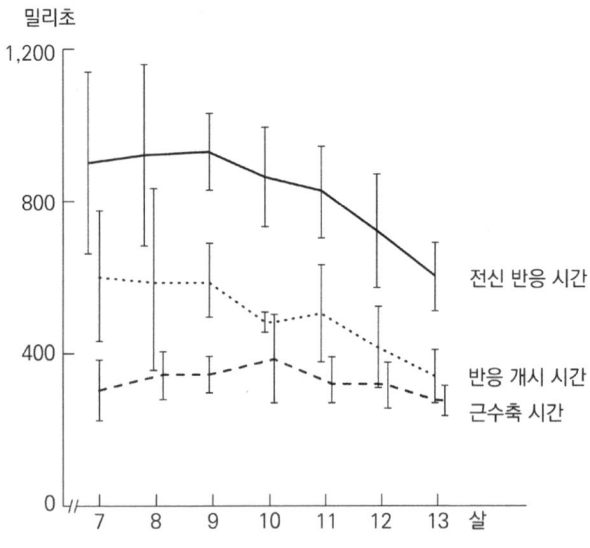

그림 31 | 지능지체아의 전신 반응 시간, 반응 개시 시간, 근수축 시간의 연령별 평균값과 표준편차(세로줄)

검토했다. 반응 개시 시간과 근수축 시간을 합산한 시간, 즉 A-C가 전신 반응 시간이다.

실험 결과는 다음과 같았다.

〈그림 31〉에서 확인할 수 있듯이, 지능지체아의 경우 전신 반응 시간과 반응 개시 시간은 나이가 많아질수록 점차 단축되는 경향을 보였다. 그러나 근수축 시간은 나이의 증가와는 관계없이 거의 일정한 값을 유지했다. 따라서 전신 반응 시간이 연령 증가에 따라 짧아지는 경향은,

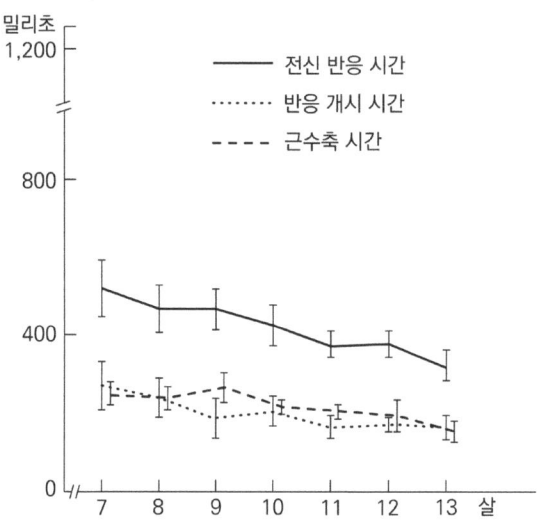

그림 32 | 건상아의 전신 반응 시간, 반응 개시 시간, 근수축 시간의 연령별 평균값과 표준편차(세로줄)

주로 반응 개시 시간의 단축에 기인하는 것으로 해석할 수 있다.
 이러한 결과로부터, 주로 중추신경계가 관여하는 반응 개시 시간은 나이가 들수록 점차 단축되는 경향을 보이는 반면, 말초 근육의 수축 기능을 반영하는 근수축 시간은 지능지체아의 경우 대체로 여섯 살 무렵에 일정한 수준에 도달한 뒤 정체 상태를 유지함을 알 수 있다.
 이에 대해 〈그림 32〉에서 보이듯이, 지능이 정상인 건상아(建常兒)의 경우 반응 개시 시간, 근수축 시간, 전신 반응 시간 모두가 동일 연령대

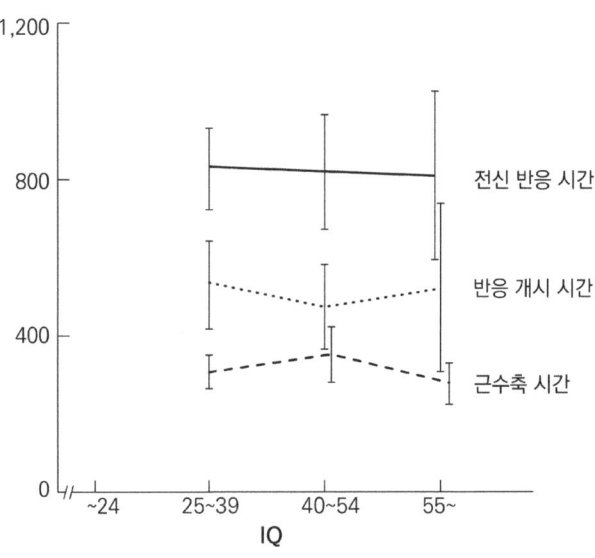

그림 33 | 지능지체아의 전신 반응 시간, 반응 개시 시간, 근수축 시간의 지능지수 군별 평균값과 표준편차(세로줄)

의 지능지체아보다 짧게 나타났다. 또한 이들 세 가지 반응 시간은 각각 연령이 증가함에 따라 점차 단축되는 경향을 보였다.

다음으로 지능지체아를 지능지수 25~39, 40~54, 55 이상의 세 무리로 나누어, 각 군의 반응 개시 시간, 근수축 시간, 전신 반응 시간을 비교했다. 각 항목의 평균값은 〈그림 33〉에 제시되어 있다. 그러나 통계적 검정 결과, 세 가지 반응 시간 모두에서 지능지수에 따른 단계적인 차이는 볼 수 없었다.

이러한 실험 결과로부터, 최초에 세웠던 가설은 성립하지 않음을 확인할 수 있었다. 즉 반응 시간만으로 지능지체아의 지능 수준을 추정하는 것은 불가능하다는 결론에 이르렀다. 이처럼 생리학적 실험을 통해 지능의 실태를 측정하는 일은 결코 쉬운 일이 아니다. 과연 이보다 적절한 방법은 없을까. 앞으로도 그 가능성을 계속해서 모색해 나가고자 한다.

그런데 여기서 소개한 실험을 통해 미리 세워 놓았던 가설이 성립되지 않음이 밝혀졌다면, 과연 이 실험은 전혀 쓸모가 없는 것이었을까?

과학 연구에서는 이와 같은 일이 흔히 일어난다. 여기서 말하는 '가설'이란 연구의 출발점이 되는 하나의 아이디어를 뜻한다. 현재 시점에서 떠오른 생각 가운데, 실제로 실행 가능한 것을 실험이나 조사를 통해 검증해 나가는 것이 연구이다. 그 결과 가설이 옳다고 증명되는 경우도 있고, 반대로 증명되지 않는 경우도 있다. 이처럼 후자와 같은 연구 결과를 네거티브 데이터라고 부른다. 그러나 네거티브 데이터를 얻었다고 해서, 그것이 결코 헛수고인 것은 아니다.

왜냐하면 연구란 하나의 건물 안에 숨겨진 보물을 찾아내는 것과 같은 작업이기 때문이다. 만일 그 건물에 10개의 방이 있다고 가정하면, 보물이 있을 가능성이 가장 높고, 지금 당장 들어가 볼 수 있는 방부터 탐색을 시작하게 된다. 그리고 그 방에 실제로 들어가서 살펴본 결과, 그곳에는 보물이 없다는 사실이 확실해지면, 나머지 9개 방 중 어딘가에 보물이 있을 것이라는 판단이 가능해지고, 그에 따라 수사망도 점차 좁혀진다. 이러한 탐색을 계속해 나가는 과정 속에서, 전혀 예상하지 못했던 장소에서 보물을 발견하게 되는 일도 있다. 이처럼 '어디에 보물이 있을 거 같은가'를 판단하고, '이것이야말로 내가 찾는 보물이다'라고 인식하는 능력은 전문적인 학식에 뒷받침된 지능 그 자체라고 할 수 있다.

지능과 교육, 학습

지금까지 이 책의 1장부터 4장까지에서는 지능 자체, 그에 관련된 여러 현상들을 가급적 현재 확보된 객관적인 데이터를 바탕으로 설명해 왔다. 말하자면 지능의 하드웨어적인 측면에 초점을 맞추어 서술해 온 것이다.

그런데 지능에는 이와는 반대로 소프트웨어적인 측면도 있다. 이 영역은 아직 객관적인 데이터의 뒷받침이 부족하다는 한계가 있지만, 동시에 오늘날의 사회적 문제와 직결된 주제로, 관계자에게는 절실한 관심사가 되기도 한다. 그 이유는 고학력 사회인 오늘날, 어떻게 하면 누구나 바라는 수준의 높은 교육을 받을 수 있을 것인가, 또 이미 고등교육을

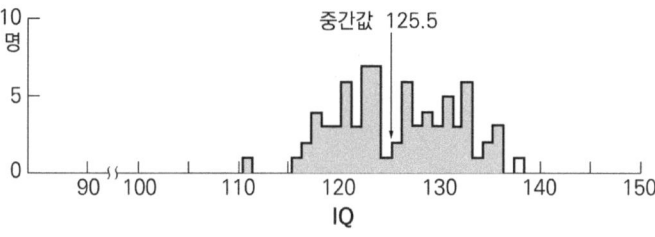

그림 34 | 웩슬러 검사를 통해 측정한 의과대학생 80명의 IQ값(출처: 코울과 마타라초, 1965년)

받고 있는 사람들이 실제 사회 속에서 몸에 익힌 높은 교육, 학문을 어떻게 효과적으로 활용할 수 있을 것인가 등 지능을 둘러싼 다양한 문제가 사회 전반의 큰 관심사로 떠오르고 있기 때문이다.

높은 수준의 교육을 받기 위해서는 수험 경쟁을 이겨내야 하며, 그 경쟁에서 이기기 위해서는 공부한 내용을 잘 이해하고, 일정 수준 이상의 성적을 거두어야 한다. 그리고 사람들은 공부를 잘하기 위해서는 근면성도 중요하지만 지능도 좋아야 한다고 믿고 있다.

높은 교육을 받기 위해서는 높은 지능이 필요하다는 것은 〈그림 34〉에 나타난 케임브리지 대학 의학부 학생의 지능지수 분포와 〈그림 35〉에 나타난 미국 백인 학생의 지능지수 분포가 시사하듯, 대학에 입학하기 위해 필요한 일정 수준 이상의 지능지수(구체적인 수치는 제시되어 있지 않음)가 존재한다는 사실로부터도 짐작할 수 있다. 또한 미국과 영국의 대학생이 사회 일반에 비해 훨씬 높은 지능을 가진 집단으로 구성되어 있다는 점도 이러한 견해를 뒷받침한다고 할 수 있다. 한편 일본에서는

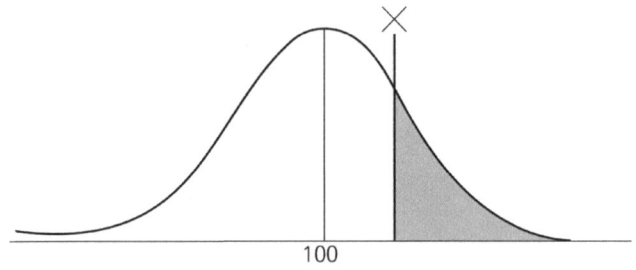

그림 35 | 미국 백인 남녀의 지능지수 분포와 대학 입학에 최소한 필요하다고 여겨지는 지능지수(×표시). (출처: 아이젠크&케이민, 1981년)

이와 같은 노골적인 조사는 대체로 기피되는 경향이 있으며, 실제로 조사가 이루어졌더라도 그 결과가 공표되기를 꺼리는 것이 현재의 일반적인 분위기로 보인다.

교육 문제가 사회적으로 큰 논란을 불러일으키고 있는 한편, 각종 입시 산업은 눈에 띄게 번성하고 있다. 이는 높은 수준의 교육을 받고자 하는 아이들이나, 자녀에게 그런 기회를 주고 싶어 하는 부모들의 강한 수요가 뒷받침되고 있기 때문임은 분명하다.

그렇다면 왜 사람들은 그토록 높은 교육을 받고 싶어하는가? 일반적으로 그것이 안정된 직업과 생활을 가져다줄 수 있다고 믿기 때문이다. 그렇다면 높은 교육을 받는 데 요구되는 지능이란 과연 무엇일까? 아이의 지능만 높으면 학교 공부를 잘하게 되는 것일까? 지능이 그다지 높지 않은 아이라도 공부를 잘하게 하려면 어떻게 해야 할까? 이와 같은 의문들은 부모뿐 아니라 아이들 자신에게도 커다란 고민거리가 되어 있으며, 이는 오늘날 대부분의 가정에서 공통적으로 볼 수 있는 현실이라고 할 수 있다.

한편, 본인은 물론 부모의 간절한 희망이 이루어져 좋은 학교에 입학하게 되면, 과연 그것만으로 그 아이의 인생이 보장되는 것일까? 높은 교육을 받은 청년이 사회로 진출했을 때 어떠한 지능 직업인으로서의 삶이 기다리고 있을까? 지능 직업인이 기대되는 지능 활동을 제대로 수행하기 위해서는 어떻게 하면 좋을까? 이처럼 교육이 성취 이후에도 여전히 여러 가지 의문과 불안이 따라붙는 것이 현실이다.

앞서 이러한 지능을 둘러싼 현실적 문제들에 대해 부분적으로 언급해 왔지만, 이제부터는 특히 지능 직업인과 지능의 관계에 대해 본격적으로 생각해 보기로 하자.

지능 직업인의
양성과 활동   2

지능과 지능 직업인

여기서 말하는 지능 직업인이란, 일반적으로 고도의 전문 기술과 풍부한 국제정보를 필수적으로 지녀야 하는 작업을 가리킨다. 이러한 직종은 일정 수준 이상의 높은 지능을 요구하며, 대개 오랜 기간에 걸친 정규교육을 거친 후에야 비로소 취업이 가능하다. 이처럼 직업에 따라 본질적으로 높은 지능이 요구되는 경우가 있다는 점은 부정할 수 없는 사실이다.

예를 들어보자. 수백 명의 승객을 태우고 운항하는 여객기의 조종사에게는 고도의 기술과 높은 수준의 전문적 판단력이 필요하다고 생각된다. 그런데 만약 "그렇게 일정 수준 이상의 지능을 가진 사람으로 한정하는 것은 부당하다. 차별이다. 보통 수준의 지능을 가진 사람에게도 조종할 기회를 주어야 한다"고 주장하는 사람이 있다면 그것이 온당한 의견이라고 말하기는 어려울 것이다.

물론 여기서 말하는 바와 같이 높은 지능이 요구되는 직업이, 보통 지능자가 종사하는 직업보다 고급이거나 사회적으로 더 중요하다고 말하려는 것은 아니다. 왜냐하면 직업의 종류와 그에 종사하는 사람의 인격이나 인간성은 반드시 일치한다고만은 할 수 없기 때문이다.

또한 일단 지능 직업에 종사하게 되었다고 해서, 더 이상 공부나 연구가 필요하지 않다는 뜻은 아니다. 오히려 지속적인 자기 연마와 학습이 끊임없이 요구된다. 이러한 특성을 지닌 직업은 매우 다양하지만, 그중에서도 연구자, 교육자, 엔지니어, 법률가, 관리자, 공무원, 의사 등은 종사자의 수가 비교적 많은 대표적인 분야로 보인다.

그렇다면 이러한 지능 직업인은 어떻게 양성되며, 또 실제로 어떤 방식으로 사회에서 활동하고 있는지 그 일단을 살펴보기로 하자.

대학은 스스로 공부하는 곳인가?

대학은 교수가 일일이 손을 잡고 가르쳐 주는 곳이 아니라, 학생 스스로 자주적이고 주체적으로 공부해 가는 곳이라고 말한다. 그런데 정말로 대학은 그렇게 운영되어야만 하는 곳일까?

필자는 한때 미국에서 대학 교수로 재직한 경험이 있다. 그때 느낀 점은, 미국의 대학생들은 그야말로 대단히 열심히 공부한다는 것이다. 어쩌면 공부를 강요당하고 있다고 표현하는 편이 더 적절할지도 모른다. 휴식 시간이 되면, 학생들은 마치 참새가 전선줄에 앉아 있듯이 계단이나 복도에 주저앉아 열심히 책을 읽거나 메모를 하는 데 열중해 있다. 그들 사이를 지나가려면 학생들과 부딪히지 않도록 요리조리 지그재그로 걸어가야 할 정도이다.

대학 도서관은 밤 9시까지 열려 있는데, 폐관 시간까지도 학생들도 가득 차 있다. 캠퍼스 안에서는 학생들이 떠들거나 장난치는 모습을 좀처럼 찾아보기 어렵고, 대부분이 묵묵히 공부에 집중하고 있다. 한편 미국의 고등학생들이 예비학교에 다닌다거나, 입시 준비에 몰두하는 모습은 거의 본 적이 없다. 이는 아마도 미국의 대학 입시가 일본처럼 치열하지 않기 때문일 것이다.

이에 비해 일본에서는 대학에 진학하는 일이 매우 어렵다. 그러나 일단 대학에 입학하고 나면, 그다지 열심히 공부하지 않아도 졸업이 가능하고, 취직까지 보장된다고들 한다. 일부에서는 "대학은 공부하는 곳이 아니라, 대학 입학을 위해 치열한 수험 경쟁에 시달린 끝에 왜곡된 인간성을 회복시키기 위한 4년간이므로, 대학 생활은 즐겨야 한다"고까지 말하기도 한다.

학생들이 이러한 상태이기 때문에, 교수들 역시 열의를 잃기 쉬워지고, 실제로 그다지 열성적이지 않은 수업을 하는 교수도 드물지 않다고 한다. 그 결과 "대학은 스스로 공부하는 곳이다. 누군가의 강요로 공부하거나 배우는 곳이 아니다. 어떻게 공부해야 할지를 스스로 익혀 나가길 바란다"고 말하며 설득하는 교수들까지 등장하게 된다.

그러나 필자는 이러한 주장이 너무 일반론적이라고 생각한다. 물론 학생은 교사가 일방적으로 가르쳐 주는 내용을 수동적으로 받아들이는 데 그쳐서는 안 되며, 스스로도 적극적으로 배워나가야 한다. 그러나 옛날처럼 책을 읽는 것만으로 학문이나 연구가 성립되던 시대와는 달리, 현대의 첨단 과학에서는 그 사고방식이나 논의 구조, 연구의 전개 방식 등을 학생 스스로가 독학으로 익혀 나가는 것이 결코 쉬운 일이 아니다.

학문의 핵심이란 바로 이러한 점에 있다. 과학의 근본 원리가 이것 하나뿐이라고 하여, 교사가 일방적으로 자신의 생각을 학생에게 주입하는 것이 바람직한 대학교육이라고는 생각하지 않는다. 그러나 한 사람의 연구자이자 지도자로서, 자신의 사고방식이나 연구 실천의 생생한 모습을 학생들에게 직접 부딪쳐 주는 일은 반드시 필요하다고 믿는다.

현재는 연구의 진행 방식이나 발표 방법 등 학문이 기술적으로도 상당히 고도화되어 있기 때문에, 학생 스스로가 모든 것을 독자적으로 공부해 나간다는 것은 지나치게 비효율적이고 현실적으로도 매우 어렵다.

교사는 자신을 하나의 사례로 삼아 학문이 어떻게 전개되는지, 연구 성과가 어떤 아이디어와 사고 과정을 거쳐 탄생했는지, 그리고 그 과정에서의 실패와 반성은 무엇이었는지를 학생에게 보여주는 것이 중요하지 않을까.

만약 그런 경험 없이 대학에서의 4년이 흘러간다면, 그것은 너무도 아까운 시간이라는 생각이 든다. 한 사람이 장차 지능 직업인으로 성장해 나가는 데 있어, 젊은 시절에 어떤 지도자를 만나 어떤 지도를 받았는가는 매우 큰 영향을 남기게 되는 것이다.

한편, 대학 졸업생을 채용하는 기업 입장에서는 다음과 같은 목소리를 들을 수 있다.

"우수하고 협조적인 인재를 얻고 싶다. 대학에서 어떤 학문을 익혔는지는 중요하지 않다. 결국 사람 자체가 중요하다. 전문적인 기술이나 지식은 입사 후 사내 교육을 통해 가르치면 된다. 회사에는 사내 교육을 완벽하게 할 수 있는 인력과 시스템이 있다. 대학교육은 처음부터 기대하고 있지 않다."

실제로 일본에서는 미국에서는 거의 찾아볼 수 없는 사내 교육과 사내 연수가 매우 충실하게 이루어지고 있다. 그러나 원래 회사란, 자사 이익에 직접적으로 기여하는 범위 내에서만 교육이나 연수를 시행하는 조직이다. 그렇기 때문에 대학에 재학 중인 동안에는, 기업 이익과는 독립된 자유로운 입장에서, 교사의 활동을 자양분으로 삼아 생기 있고 자율적인 교육이 이루어질 필요가 있다고 생각한다.

지능 직업에 필요한 기초학력

앞서 말한 바와 같이 지능 직업 분야에서는 단순히 지식을 소매하듯 전달하는 것만으로는 값어치 있는 고도의 업적을 올릴 수는 없으며, 더욱 요구되는 것은 독창적인 사고방식과 아이디어이다. 이를 위해서는 직감, 즉 일종의 선천적인 능력이 중요하다. 3장 3절「자신의 지능을 최대한으로 발휘하려면」에서 설명했듯이, 새로운 방법의 개발이나 과학의 진보에는 독창력이 필수적인 조건이다. 그러나 직감이나 아이디어만 떠오르면 기초적인 학력은 없어도 되는 것일까?

사실은 기초학력이 없으면 연구를 전개하거나 성과를 발표하는 것은 물론, 개발한 방법을 실제로 응용하거나 실용화하는 일조차 불가능하다. 오늘날의 연구와 학문은 그 방법과 절차 자체가 극도로 고도화되어 있기 때문에, 기초 학력은 지능 직업인에게 필수적으로 요구되는 요소라고 할 수 있다.

참고로 덧붙이자면, 이미 앞에서 언급했듯이 지능 직업인 가운데에서도 국제적인 최첨단 분야에서 활약하고 있는 사람들 중에는, 영어로 논문을 작성하거나 토론에 참여하고, 정리되지 않은 생데이터를 직접 보고 통계적으로 분석할 수 있는 등, 살아 있는 학문적 기초 능력을 몸에 지닌 경우가 많다. 만약 이러한 직업인이 그러한 기초학력을 갖추고 있지 않다면, 아무리 독창적인 아이디어가 떠올랐다 하더라도 그것을 구체적인 형태로 구현하기는 어려울 것이다. 나아가 그 결과를 마무리하거나 국제적으로 발표하는 일 또한 불가능해진다.

어떤 사람은 "그런 기술적인 작업은 조수나 전문가에게 맡기면 되지 않느냐"고 생각할지도 모르지만, 이러한 부수적인 기술 문제들을 스스로 깊이 이해하고 결과를 예측할 수 없는 상태라면, 그 아이디어나 구상은 단지 일회적인 착상에 그칠 뿐이며, 실질적인 성과로 이어지지 못하게 된다.

반대로 기초학력이 있다고 해서 그것만으로 유능한 지능 직업인으로 성공할 수 있는 것은 아니다. 무엇보다도 해당 전문 분야에서 요구되는 고도의 기술과 지식, 영역의 높은 기술과 지식, 경험이 필요하기 때문이다. 그와 같은 전문적인 성과를 체계화하고 발표하는 수단으로서 기초학력이 동원되는 것이다.

그렇다면 이러한 기초학력은 어디에서 비롯된 것일까? 고등학교나 대학 시절의 학습이 바탕이 되고 있는 부분도 분명 존재하지만, 그보다 더 중요한 것은 해당 전문 분야에 종사한 이후, 실제 현장에서 끊임없이 필요한 관련 지식을 스스로 학습하고 축적해 온 일상의 꾸준한 노력이라는 점이다.

지능 직업과 외국 문헌

지능 직업의 일을 계속하면서 그것을 더욱 충실히 발전시켜 나가기 위해서는 항상 세계적인 시야에서 국제적인 동향을 의식하고 외국어 정보를 파악하고 있지 않으면 안 된다.

오늘날 일반적인 학문이나 과학, 정치, 경제 분야에서는 특수한 경우를 제외하고 대부분 영어가 세계 공통의 정보 언어로 사용되고 있다. 특히 과학 분야에서 영어가 사실상 공통어로 자리 잡는 경향은 해마다 뚜렷해지고 있으며, 실제로 독일에서 발행되던 독일어 의학 전문지도 최근 들어 영어로 전환되었다고 한다.

따라서 다양한 학문 및 과학 분야에 종사하는 지능 직업인에게는 외국어, 특히 영어를 읽고 쓰는 능력뿐 아니라 토론에 필요한 듣기와 말하기 능력까지 갖추고 있다면, 국제적인 활동에서 큰 불편 없이 소통할 수 있을 것이다.

그런데 오늘날에는 외국의 서적이나 논문이 상당수 자국어로 번역되어 출판되고 있다. 이처럼 외국에서의 연구 성과를 자국어로 손쉽게 접할 수 있다는 것은 분명 큰 이점이다. 그러나 과거에는 번역의 수준이 조악하여, 의미가 불분명한 책이 시중에 유통되기도 했다. 번역서가 너무

난해하여 원서를 직접 대조해 본 결과, 오히려 원문의 영어 표현이 훨씬 더 간단하고 명확해 놀란 경우도 적지 않았다.

사전을 옆에 두고 단어 하나하나를 자국어로 바꿔 놓았다고 해서 그것이 곧 정확한 번역이 되는 것은 아니다. 번역된 문장을 읽을 때, 독자가 자연스럽게 의미를 이해하고 무리 없이 받아들일 수 있어야 하는데, 오히려 의미가 잘 전달되지 않고 머릿속에 들어오지 않는다면, 그 번역은 대부분 서툴거나 잘못된 것이라고 판단해도 무방할 것이다.

세계 공통의 자연과학이나 기술 분야를 제외하면, 외국 문헌을 자국어로 번역할 때에는 그 문헌이 씌어진 현지의 사회, 문화, 생활 방식 등을 실제로 깊이 체험해 보지 않고서는, 그 안에 담긴 진정한 의미를 온전히 이해하기는 어려울 것이라고 생각된다.

한편, 외국 문헌을 자국어로 번역하든, 원어 그대로 읽든 간에, 그것을 단지 자신의 전문 분야, 즉 지능 직업으로 삼고 있는 일에 활용하는 데 그치지 않고, 더욱 적극적으로 자신의 연구나 활동 성과를 영어로 정리하여 국제 전문 학술지에 투고하는 일에 대해서도 생각해 볼 필요가 있다.

외국어인 영어로 논문을 작성해 발표한다는 것은 결코 쉬운 일이 아니다. 앞서 언급한 자연과학이나 기술 분야에서는 문장의 미묘한 표현에 고민할 일이 비교적 적지만, 정신적·인문학적 내용을 서구인에게도 이해할 수 있도록 영어로 표현한다는 것은 지극히 어려운 과제다. 그렇다면, 이러한 글쓰기를 가능하게 하려면 어떻게 해야 할까?

이를 위해서는, 자신의 전문 분야와 관련된 국제 학술지에 실린 논문들 가운데, 특히 현재 자신의 연구 주제와 가까운 논문 몇 편을 선별하여, 그 속에서 기본적인 문장 패턴을 추출하고, 이를 바탕으로 다수의 카드(메모)를 만들어 표현 방식의 리스트를 작성하는 것이 큰 도움이 된다.

자신의 좁은 전문 영역 내에서라도, 기본적인 영문 표현 방법을 약 200~300개 항목 정도로 정리해 두면, 영문 논문 작성 실력이 상당히 향상된다. 그와 같은 방식으로 작성한 영문 논문은 서구권 독자에게 의미가 제대로 전달되지 않는다. 왜냐하면 영어로 논문을 쓴다는 것은 단순히 언어를 번역하는 작업이 아니라, 서구 연구자와 동일한 사고방식으로 사고할 수 있음을 전제로 한 지적 활동이기 때문이다. 따라서 영문 논문을 쓸 때에는 자국어 표현을 전혀 의식하지 않고, 오직 데이터 메모만을 바탕으로 처음부터 영어로 직접 써 나가는 연습을 꾸준히 쌓아야 한다.

일본 경제는 눈부신 해외 진출을 이루었지만, 그로 인해 일본은 서구 사회로부터 비판을 받는 경우도 적지 않다. 그러나 한편으로 연구 분야, 특히 자연과학이나 의학 분야에서 일본인의 국제적 활약은 온 세계의 기대를 모으고 있다. 젊은 지능 직업인이나 학생들은 이러한 시대적 흐름 속에서 세계적인 시야를 갖도록 끊임없이 노력할 필요가 있다.

일본의 과학자는 토론을 꺼린다

연구나 개발을 추진하는 과정에서는 관계자들 사이에 치열한 토론이 뒤따르기 마련이다. 만약 예리한 질문이나 반론조차 제기되지 않는다면,

그 연구나 개발은 사실상 무시되고 있는 수준의 평가에 불과하다고 보아야 한다. 따라서 거센 반론이 제기되는 상황이라면, 그것은 오히려 상대가 자신의 연구를 일정 부분 인정하고 있다는 의미로 받아들이고, 감사해야 할 일이다. 진정한 모욕은 반론이 아니라 무시당하는 것이다.

다른 사람과 자신의 일에 대해 이야기를 나눌 때, 반대 의견이나 다른 견해가 제시되면, 그 의견을 어떻게 하면 자신의 일에 유용하게 반영할 수 있을까를 적극적으로 탐색해 보는 태도가 중요하다. 같은 의견에 동조하거나, 하물며 무비판적인 추종 발언은 자신의 생각이나 일을 더 발전시키는 데 아무런 도움이 되지 않는다. 그런 반응에 안주하거나 기뻐해서는 안 된다.

필자는 예전에 전문 분야에 관한 책을 집필할 준비를 하던 시기에, 항상 메모용 수첩을 들고 다니면서 일과 관련해 목격한 일이나 다른 사람이 한 말을 빠짐없이 기록해 두곤 했다. 그리고 실제로 원고를 쓰는 단계에 이르렀을 때, 가장 큰 참고가 되었던 것은 오히려 필자와 다른 의견을 가진 사람들의 이야기였다.

"같은 의견은 내게 아무것도 가르쳐 주지 않는다. 반대 의견은 나에게 스승이며 정보 제공자이고, 아이디어를 가르쳐 주는 사람이다."

이 사실을 필자는 깊이 실감한 바 있다.

새로운 계획을 시작할 수 있는 힌트나 계기를 제공해 주는 존재는, 실은 나와 뜻이 다른 반대자인 경우가 많다. 물론 반대자는 때로 내 일을 방해하거나, 심지어 무시하는 행동으로 나올 수도 있다. 하지만 바로 그런 방해나 무시를 당했기 때문에 오히려 위기의식과 투지가 솟아오르고, 그것이 원동력이 되어 새로운 계획을 스스로 구상하고, 그것을 끝까지 밀고 나갈 힘이 생겨난 것이다.

이처럼 아이디어는 위기감 속에서 탄생하며, 자신을 일에 몰두하게 만드는 추진력은 다름 아닌 반대자나 반론자가 제공하는 것이다.

일본의 연구자들은 일반적으로 학회 등에서 활발한 토론을 하는 데 익숙하지 않고, 다른 사람의 발표에 대해 날카로운 질문이나 준엄한 반론을 전개하는 경우도 드물다. 오히려 반대 의견을 받으면 자신의 연구에 흠이 잡힌 것으로 받아들여 감정적으로 반발하는 경향이 있다.

또한 국제 학회에 참가하더라도 외국의 고명한 학자들의 강연에 대해 질의하거나 반론을 제기하는 일본인 연구자는 극히 드물며, 구미에서 연구 경험이 풍부한 사람을 제외하고는 좀처럼 찾아보기 어렵다. 그러나 논쟁과 반대 의견은 연구를 추진하는 중요한 원동력이 되는 만큼, 앞으로는 이러한 솔직하고 건설적인 토론의 문화를 우리나라 연구자들도 점차 몸에 익혀 주었으면 한다.